房屋建筑工程专业技术管理人员培训系列教材

材料员专业知识与实务

（第二版）

本书编委会组织编写
陈茂明　主编

中国环境出版社·北京

图书在版编目（CIP）数据

材料员专业知识与实务 / 陈茂明主编. —2 版. —北京：中国环境出版社，2010.6（2014.1 重印）

房屋建筑工程专业技术管理人员培训系列教材

ISBN 978-7-5111-0272-0

Ⅰ. ①材… Ⅱ. ①陈… Ⅲ. ①建筑材料—技术培训—教材 Ⅳ. ①TU5

中国版本图书馆 CIP 数据核字（2013）第 069363 号

出 版 人　王新程
责任编辑　高　峰
责任校对　刘凤霞
装帧设计　康巴朗斯

出版发行　中国环境出版社
（100062　北京市东城区广渠门内大街 16 号）
网　　址：http://www.cesp.com.cn
电子邮箱：bjgl@cesp.com.cn
联系电话：010-67112765（编辑管理部）
010-67112739（建筑图书出版中心）
发行热线：010-67125803，010-67113405（传真）

印　　刷　北京市联华印刷厂
经　　销　各地新华书店
版　　次　2007 年 4 月第 1 版
2010 年 6 月第 2 版
印　　次　2014 年 1 月第 9 次印刷
开　　本　787×1092　1/16
印　　张　10.25
字　　数　225 千字
定　　价　28.00 元

房屋建筑工程专业技术管理人员培训系列教材
编审委员会

出版说明

为进一步贯彻落实全国职业教育工作会议精神，促进建筑业发展，全面提升施工企业专业技术管理人员素质，在原建筑企业“十一大员”岗位培训的基础上，根据行业发展需要并结合我国研究建立职业水平认证制度的思路，受四川省建设厅委托，四川省建设系统岗位培训与建设执业资格注册中心和四川建筑职业技术学院组织编写了“房屋建筑工程专业技术管理人员培训教材”。

本系列教材首批推出《房屋建筑工程专业基础知识》（属于各岗位公共教材）、《施工员专业知识与实务》、《材料员专业知识与实务》、《质量员专业知识与实务》、《安全员专业知识与实务》、《预算员专业知识与实务》、《资料员专业知识与实务》、《试验员专业知识与实务》共8本，主要用于房屋建筑工程专业技术管理人员培训使用。

本套教材以现行国家规范、标准为依据，从专业人员职业需要出发，力求体现行业特点，既重视专业基础理论，更注重职业能力培养，内容强调科学性、先进性和实用性。该系列教材主要作为房屋建筑工程施工、质检、安全、材料、预算、试验、资料管理等相关人员岗位培训及职业水平认证的培训用书，也可供高、中等职业院校实践教学使用和建筑行业专业技术管理人员自学。

由于时间紧，水平有限，本套教材还需在教学和实践中不断完善，敬请广大施工管理人员和教师提出宝贵意见。

本套教材经房屋建筑工程专业技术管理人员培训教材编审委员会审定，由中国环境科学出版社出版。

四川省建设系统岗位培训与建设执业资格注册中心
四川建筑职业技术学院
2007年3月

房屋建筑工程专业技术管理人员培训系列教材

第二版说明

《房屋建筑工程专业技术管理人员培训系列教材》自2007年出版以来，受到广大读者，特别是建筑施工一线的专业技术管理人员以及高、中职院校学生的欢迎和好评。

由于近几年相关部门将涉及建设行业的一些法律、法规做了相应的修订，废止了部分行政规章，并发布了新的行政规章。随着新的（或新版）国家或行业标准规范的相继发布并实施，本教材中的一些内容已不适应当前的培训要求。

鉴此，编委会组织原书编者对本系列教材进行了修订，修订除了充分体现法律法规、部门规章、以及标准规范的更新外，也对原教材中的一些遗误进行了相应的补正。

本书编委会

2010年6月

前　　言

本书依据行业岗位准入标准和材料员培训考试大纲编写，主要内容包括建筑材料管理的内容和方法、材料消耗定额管理、材料计划管理、材料采购管理、材料供应管理、材料运输管理、材料储备管理、施工现场材料管理、周转材料及工具管理、材料核算管理等。为便于学习，掌握重点，每章还设有思考题和习题。

本书可作为房屋建筑工程专业技术管理人员培训教材，也可用于建筑类职业技术学校的教学用书。

本书由四川建筑职业技术学院陈茂明副教授编写。其中：第二章第二节由迟晓梅编写，第二章第三节由陈宬编写。由四川华西集团有限公司第十二建筑工程公司罗进元（教授级高工）总工程师主审。

作　者

2007 年 4 月

目　录

第一章　概　　述

第一节　建筑物资管理概述

一、物资管理概述

建筑材料是建筑安装施工过程的劳动对象，是建筑产品的物质基础。建筑材料投入施工生产后，改变或消失了原有的实物形态，构成工程实体或有助于工程实体的形成。

建筑材料是建筑企业生产经营资金中的流动资金的主要实物表现形态。建筑材料是建筑物资的主要组成部分。

物资是物质资料的简称，包括生产资料和生活资料。物资有广义和狭义之分。广义的物资，是物质资料的总称，包括生产资料和生活资料；狭义的物资，主要指生产资料。物资管理工作中的物资主要指生产资料，包括在物质生产过程中的劳动手段和劳动对象。物资的构成如图 1-1 所示。

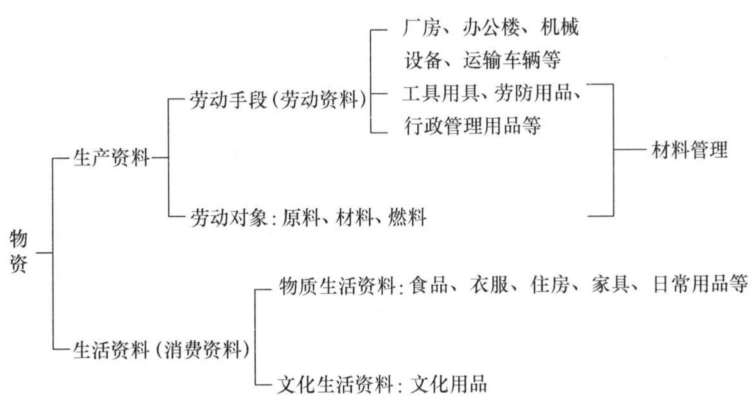

图 1-1　物资的构成

物资管理是对物资流通过程的计划、组织、指挥、协调和控制，以保证生产建设的顺利进行。物资管理体制是管理物资工作的根本制度，确定了中央、地方、部门及企业之间物资分配关系、管理权限、管理形式。它包括下述三方面内容。

（一）物资分配体制

物资分配体制指中央、地方、部门及企业在物资分配权上的分工关系，明确了管理范围。主要包括以下内容：

(1) 物资分配目录

物资分配目录是具体划分各级主管机关分配物资权限的分工文件。它按照各种物资在国民经济中的地位、作用及产需情况分别纳入各级管理范畴，并汇编成目录，明确分工，实行分级管理。这就将多种物资分为“国家统一分配物资”，又称统配物资或一类物资，这类物资关系到国计民生，是许多部门普遍需要的重要物资，如钢材、木材等，由国家主管部门统一平衡分配和管理。“国务院各部门管理分配物资”，又称部管物资或二类物资，这类物资仅次于统配物资，如焦炭、平板玻璃等，由国务院各部委指导、平衡分配。“各省、市、自治区平衡分配的物资”，又称地方管理物资或三类物资，这类物资指统配、部管之外的物资，如砖、瓦、灰、砂、石等，由各省、市、自治区自行管理。

（2）物资平衡调拨办法

物资平衡调拨是指由国家管理的物资采取统筹统支或统筹统支与地区平衡、差额调拨相结合的管理方式。

（3）物资的申请和分配渠道

物资的申请和分配渠道是指国家管理的物资可以按企业隶属关系申请和分配物资（适用于统筹统支调拨办法管理的物资），或按地区物资关系申请和分配物资（适用于地方管理物资），按行业归口申请和分配物资（适用于物资需求特殊的行业）。

（二）物资供销体制

物资供销体制是关于物资购销业务的分工，主要有产需直接衔接的供销方式、以专业物资部门为主而企业物资部门为辅的供销方式、生产资料市场供销方式。

（三）物资管理机构

物资管理机构是为发挥物资管理功能，完成物流任务而设置的机构。

随着我国经济体制改革的深入进行，国家计划管理中的指令性计划范围缩小，指导性计划和市场调节范围进一步扩大，物资管理体制发生了较大的变化。

二、建筑企业物资管理体制

建筑企业物资管理体制又称为材料管理体制，明确了企业内各级、各部门在材料采购、运输、储备、消耗等方面的管理权限及管理形式。决定和影响材料管理体制的条件和因素有以下方式：

（1）建筑产品生产及需求的特点

建筑产品的单件性、生产的流动性，材料品种、规格众多，数量大，材料储备不宜多；生产环境多变，常用材料需有适当储备；多工种交叉作业，应按不同施工段综合配套供料；要体现供管并重。

（2）建筑企业施工任务和施工组织形式

从施工任务看，规模、工期、分布不同，对材料管理体制的要求也就不同。从施工组织形式看，可采用不同的材料管理组织形式，如现场型采取集中管理，地市型则将主要材料供应权集中，区域型将材料供应权和管理权下放给基层。

（3）材料供应方式

建筑企业物资管理体制受国家和地区物资分配方式和供销方式的制约。目前，材料供应的方式主要有：建设单位组织供应，建设单位与建筑企业共同供应，建筑企业供应，物资企业供应。

三、建筑企业材料管理的概念

建筑企业材料管理（建筑企业材料供应与管理的简称），指建筑企业对施工过程中所需的各种材料的采购、储备、保管、使用等一系列组织和管理工作的总称。建筑企业材料管理也就是按照计划、组织、指挥、监督、协调等管理职能，依据一定的原则、程序和方法，搞好材料平衡供应，高效、合理地组织材料的储存、使用，保证建筑施工活动的顺利进行。

材料管理可以分为流通过程的管理和生产过程的管理。流通过程的管理，指材料进入企业之前的管理工作，包括计划、购买、运输、仓储等；生产过程的管理，指材料进入企业后，消耗过程的管理工作，包括保管、发放、使用、退料、回收报废等。

四、材料管理的意义和任务

建筑企业的材料管理工作，主要是指在做好材料计划的基础上，搞好材料的供应、保管和使用的组织与管理工作。

（一）材料管理的意义

施工生产的过程，同时也是材料消耗的过程，材料是生产要素中价值量最大的组成要素。因此，加强材料的管理是生产的客观要求。由于建筑生产的技术经济特点，使得建筑企业的材料供应管理工作具有一定的特殊性和复杂性，主要表现为：供应的多样性、多变性，消耗的不均匀性，带来季节性的储备和供应问题，并且要受运输方式和运输环节的影响与牵制。

加强材料管理是改善企业各项技术经济指标和提高经济效益的重要环节。材料管理水平的高低，可以直接影响到企业的经济效益。因此，材料管理工作直接影响到企业的生产、技术、财务、劳动、运输等方面的活动，对企业完成生产任务，满足社会需要和增加企业利润起着重要作用。

（二）材料管理的任务

材料管理工作的任务，一方面既要保证生产的需要，另一方面又要采取有效措施降低材料的消耗，加速资金的周转，提高经济效益，其目的就是要用少量的资金取得最大的效益。具体要做到：

(1) 按期、按质、按量、适价、配套地供应施工生产所需的各种材料，保证生产正常进行。

(2) 经济合理地组织材料供应，减少储备量，改进保管，降低消耗。

(3) 监督与促进材料的合理使用和节约使用。

第二节　建筑材料管理的内容和方法

建筑材料管理是建筑企业管理的重要组成部分。材料管理贯穿于建筑企业生产经营活动的全过程，建筑企业有一整套成熟的材料管理方法。

一、材料管理的工作内容和程序

材料管理分为流通过程的管理和生产过程的管理，这两个阶段的具体管理工作就是材料管理的内容。材料管理的内容和程序如图 1-2 所示。

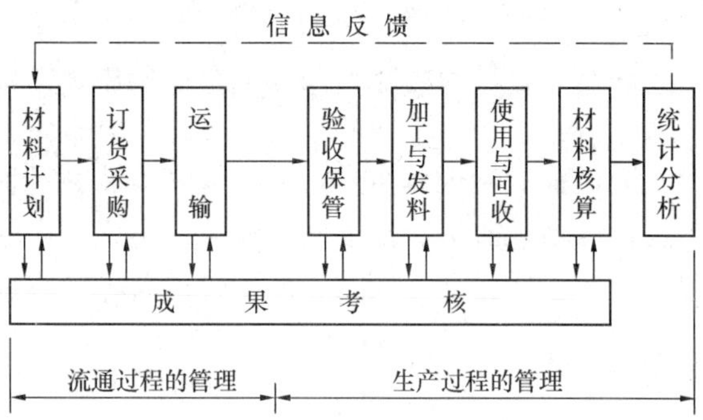

图 1-2　材料管理的内容和程序

材料管理的主要内容包括两个领域、三个方面和八项业务。

（一）两个领域

指在物资流通领域的材料管理和生产领域的材料管理。

（1）物资流通领域是指组织整个国民经济物资流通的组织形式。建筑材料的流通是物资流通领域的组成部分。是在企业材料计划指导下，组织货源，进行订货、采购、运输和技术保管，以及企业对多余材料向社会提供资源等活动的管理。

（2）生产领域的材料管理是指在生产消费领域中，实行定额供料，采取节约措施和奖励办法，鼓励降低材料单耗，实行退料回收和修旧利废活动的管理。建筑企业的项目部一级是材料供、管、用的基层单位，材料工作的重点是管，其工作的好坏，对整个材料管理的成效有明显作用。

（二）三个方面

材料管理的三个方面指建筑材料的供、管、用，它们是紧密结合的。

（三）八项业务

指材料计划、订货采购、运输、验收保管、加工与发料、使用与回收、材料核算和统计分析。

上述各项业务活动，是相互依存、相互联系的统一体（习惯上还将工具、用具、周转材料视作材料进行管理）。

二、材料分类

建筑业对材料消耗的量很大，房屋建筑工程成本约 70% 为材料费。建筑用的材料有近 80 个大类，2 000 多个品种，3 万多个规格，包括冶金、化工、建材、石油、林业、机械、轻工、电子、仪表等 50 多个产业部门的产品。为管理方便，我们从不同角度进行分类。

（一）按材料的理化性能分类

（二）按材料供应渠道、管理权限分类

建筑材料可分为国家统一分配材料、部管材料、地方管理材料、市场供应材料。

（三）按材料在施工生产中的作用分类

建筑企业内部核算时，将材料按其在施工生产中的作用分为：

（1）主要材料

直接用于建筑工程（产品）上，构成工程实体的各种材料。如钢材、木材、水泥等材料。

（2）结构件

事先已经对建筑材料进行加工，经过安装后构成工程实体的各种加工件。如金属构件、预制钢筋混凝土构件、木构件等。

（3）机械配件

维修机械设备所需的各种零件和配件。如曲轴、螺丝等。

（4）周转材料

在施工生产中多次反复使用，基本保持原有形态且逐渐转移其价值的工具性材料。如脚手架、模板、枕木等。

（5）低值易耗品

使用期限较短或单位价值较低，达不到固定资产标准的劳动资料。如工具用具、劳动保护用品、玻璃器皿等。

（6）其他材料

不构成工程（产品）实体，但有助于工程实体（产品）形成，或便于施工生产进行的各种材料。如燃料、油料等。建筑材料分类如图 1-3 所示。

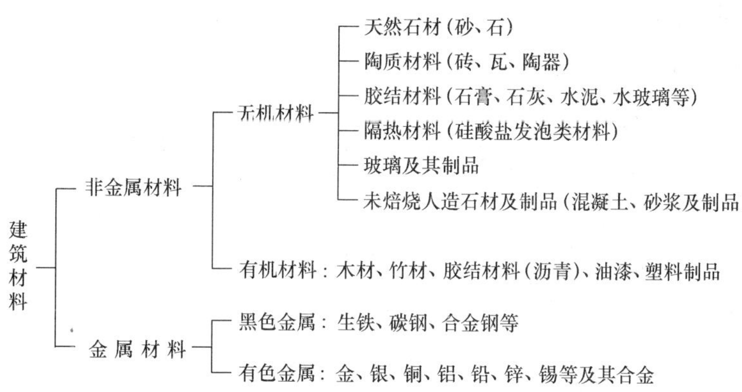

图 1-3 建筑材料分类

（四）按使用历史分类

（1）传统建筑材料

使用历史较长的，如砖、瓦、砂、石及水泥、钢材、木材等。

（2）新型建筑材料

针对传统建筑材料而言，使用历史较短，是新开发的建筑材料。

然而，传统和新型的概念是相对的，随着时间的推移，原先被认为是新型的建筑材料，若干年后可能不被认为是新型的建筑材料了，而传统建筑材料也可能随着新技术的发展，出现新的产品又成了新型建筑材料。

（五）按主要用途分类

（1）结构材料

主要指用于构造建筑结构部分的承重材料，如水泥、骨料、混凝土、混凝土外加剂、砂浆、墙体材料、钢材及公路中使用的沥青混凝土等，在建筑物中主要利用其具有一定力学性能。

（2）功能材料

主要是在建筑物中发挥其力学性能以外特长的材料，如防水材料、建筑涂料、绝热材料、防火材料、建筑玻璃、管材等，它们赋予建筑物以必要的防水功能、装饰效果、保温隔热、防火、维护、采光、防腐及给排水功能。正是凭借了这些材料的一项或多项功能，才使建筑物具有使用功能，产生了一定的装饰效果，也使人们对生活在一个安全、耐久、舒适、美观的环境中的愿望得以实现。当然，有些功能材料除了其自身特有的功能外，也还有一定的力学性能，而且，人们也正在不断创造更多更好的多功能材料和既具有结构性材料的强度，又具有其他功能复合特性的材料。

（六）按成分分类

（1）无机材料

大部分使用历史较长的建筑材料属于此类。无机材料又分为金属材料和非金属材料。金属材料如建筑钢材、有色金属（铜及铜合金、铝及铝合金等）及制品；非金属材料如水泥、骨料、混凝土、砂浆、砖和砌块等墙体材料、玻璃等。

（2）高分子材料

建筑涂料（无机涂料除外）、建筑塑料、混凝土外加剂、泡沫聚苯乙烯和发泡聚氨酯等绝热材料、防火涂料等。

（3）复合材料

常用不同性能和功能的材料进行复合制造成性能更理想的材料，可以都是由无机材料复合而成，也可以由无机材料和有机材料复合而成。如钢筋混凝土是由钢筋和混凝土复合而成，由钢筋承担抗拉荷载，而混凝土承担抗压荷载，是极好复合效果的例子，又如彩钢夹心板是由彩色钢板和聚苯乙烯或聚氨酯等泡沫塑料或岩棉等绝热材料复合而成。

这里还应提及人们常称化学建材的概念，其实这是一个没有明确定义的叫法。化学建材可指用一种或多种合成高分子材料作主要成分，添加各种辅助的改性组分后加工生成的用于各种工程的建筑材料。因此，化学建材属于有机高分子材料的范畴，但有时会以复合材料的名称出现。化学建材是继钢材、木材、水泥之后发展最快的第四大类重要建筑材料，建筑涂料、新型防水材料、塑料管道、塑料门窗等是主要的化学建材产品。

三、建筑材料管理的方法

建筑材料管理应根据施工生产的特点实施管理。建筑材料管理在采用行政管理方法、经济管理方法、法律管理方法的同时，应结合材料的品种和实际情况，采用更具体的管理方法和手段。

（一）限额控制法

限额控制法用于有消耗定额，施工工艺较稳定的项目所需材料。即按消耗定额和工程量测算出材料消耗量，以此作为材料消耗的控制限额。

（二）检查奖惩法

检查奖惩法是上级材料部门对下级某项管理内容完成情况、执行情况进行检查，对结果予以奖惩。例如，仓库管理、现场场容管理、内业资料管理等常用此法。

（三）招标投标法

招标、投标法是对某项材料管理工作预先订出目标，并公开宣布，凡有能力并自愿完成目标者，制订出实施方案，由招标部门组织评标，确定目标的具体实施部门。例如，材料采购时，对大宗材料常用此法。

（四）重点管理法

重点管理法，又称 ABC 分类管理法，是根据材料在施工生产中的重要程度和消耗额大小，分为 ABC 三类，分别采取不同的管理方法。

【例 1】 某企业上年耗料 3 421 种，金额 839 万元，消耗资料如表 1-1、表 1-2 所示。

根据消耗金额分档次，本例分为 5 000 元以上、3 000 元以上、1 000 元以上和 1 000 元以下（不含 1 000 元）4 个档次。

分类结果如表 1-2 所示。

表 1-1　某企业材料消耗分析表

编号	材料品种	品种数			耗用金额			分类
		项数	累计	累计百分数/%	价值/千元	累计/千元	累计百分数/%	
1	钢材	3	3		30.0	30.0		
2	木材	2	5		29.5	59.5		
3	水泥	2	7		28.3	87.8		
⋮	⋮	⋮	⋮		⋮	⋮		
178	×××	4	328		5.05	6 300.0		
	价值 5 000 元以上	328	328	9	6 300	6 300	75	A
179	×××	2	330		4.9	6 304.9		
⋮	⋮	⋮	⋮		⋮	⋮		
208	×××	1	478		3.0	6 890		
	价值 3 000 元以上	150	478	14	590	6 890	82	B
209	×××	3	481		2.9	6 892.9		
⋮	⋮	⋮	⋮		⋮	⋮		
	价值 1 000 元以上	522	1 000	29	830	7 720	92	B
⋮	⋮	⋮	⋮	⋮	⋮	⋮		
	价值 1 000 元以下	2 421	3 421	100	670	8 390	100	C

表 1-2　某企业材料消耗分类表

分类	品种数	品种百分数/%	金额/千元	金额百分数/%
A	328	9	6 300	75
B	672	20	1 420	17
C	2 421	71	670	8
合计	3 421	100	8 390	100

A 类材料，一般所占金额较多（其价值占总价值的 70% ~90%），而品种较少（其品

种占总品种的5%～20%），必须严格管理。制订详细的材料需用计划，材料的采购、使用、储备的核算，必须按品种考核，对其使用及储备情况应经常检查，以实现该类材料的高效益。

B类材料，所占金额和品种均处于中等水平（其价值占总价值的10%～25%，其品种占总品种的25%～40%），可以采用一般的管理手段。材料需用计划可按消耗水平估算，采购、使用和储备中的核算，可按品种也可按大类进行，对B类材料的使用、储备、费用及管理效果，可定期进行考核检查，使其控制在预定范围之内。

C类材料，是指所占金额较少（其价值占总价值的5%～15%），而品种较多的材料（其品种占总品种的50%～70%）。由于品种较多，很难样样控制、种种把关，况且价值量相对较低。因此对C类材料，较有效的管理方法就是使用资金控制方法，这种方法既宽松又有效。宽松只在限制该类材料处于一定的资金范围之内，而不再具体到品种规格，可简化劳动，但又不会失控，因为总金额不越过一定水平。

把在材料费用总金额中占70%左右的A类材料集中精力管理，并不意味着对B、C类放松管理，而是要加强一般材料资金的管理。

（五）材料编号管理

材料编号是在材料分类的基础上，给各种材料规定代号，用文字、符号或数字表明各种材料的类别、名称、规格等，一料一号、条理清晰，便于抄写、查核。如将材料仓库、货位与电子计算机应用相结合，通过编号能提高工作效率。

在建筑企业中，对材料编号的常用方法有“数码编号法”、“字母与数码混合编号法”。

数码编号法是将全部材料按一定程序，分三级或四级，用十位数或百位数进级排列。例如，某地区将材料编号分为三级，第一级表示材料的类别（与会计科目一致），第二级表示材料名称，第三级表示材料规格、型号。该地区将主要材料编号定为数码10，为了满足核算工作需要，再将主要材料划分为9小类（从11开始）：

11. 硅酸盐材料；
12. 水泥；
13. 砂石材料；
14. 木材；
15. 黑色金属；
16. 有色金属；
17. 金属制品（小五金）；
18. 油漆及化学饰品；
19. 其他。

例如，白色油性调和漆编号为18.5—4。

编码18（第一级）代表材料品种——白色油性调和漆属主要材料的第8小类“油漆及化学饰品”。

编码5（第二级）代表材料名称——油性调和漆。

编码4（第三级）代表材料规格。指的是红、黄、蓝、白、黑……中的白（排位为4）。字母与数码混合编号法指当数码编号不能满足核算、管理工作需要时，采用字母与数码混合编号，在数码的首尾加上 A，B，C……字母，表示材料存放位置或电脑存储代号等。

例如，18. A5—4，A 表示仓库编号。全部编号表示白色油性调和漆属存放在 A 仓库。

复习思考题

1. 基本概念：物资、物资管理、物资管理体制、建筑企业材料管理的概念。
2. 物资管理体制的主要内容有哪些？
3. 建筑企业材料的供应方式有哪几种？
4. 简述材料管理工作的内容和程序。
5. 建筑材料的分类方法有几种？并说明其具体分类情况。
6. 建筑材料管理采用哪些管理方法？

第二章　材料消耗定额管理

第一节　材料消耗定额概述

一、材料消耗定额的概念

材料消耗定额是指在一定生产技术条件下，生产单位产品或完成单位工程量合理消耗材料的数量标准。

材料消耗定额的一定条件是指施工生产技术、工艺、管理水平、材质、工人等因素。要求这些因素处于正常状态，即处于“一定条件”的范围内。

材料消耗定额确定的是完成单位产品（工程量）合理消耗材料的数量标准，即在一定条件下，完成单位产品（工程量）的必要消耗，不含可以避免的浪费或损耗。

二、材料消耗定额的作用

材料成本占工程成本的70%左右，节约用料是材料管理的重要内容。材料消耗定额在材料计划、运输、供应、使用等工作中有着重要作用。材料消耗定额是材料管理的基本标准和依据。

（一）材料消耗定额是编制材料计划的基础

编制材料计划，必须清楚工程所需各种材料的数量，才能有的放矢地开展工作。施工生产中所需材料的数量，是根据实物工程量和材料消耗定额计算出来的。离开了材料消耗定额，材料计划也就失去了标准和依据。

（二）材料消耗定额是控制材料消耗的依据

为了控制材料消耗，建筑企业普遍实行限额用料制度。各种材料的用料限额，由材料消耗定额确定。材料消耗定额是在工程实践基础上，采用数理统计分析等科学方法，经过多次测算制定，代表了企业材料消耗的平均水平。可以保证在合理的消耗范围内用料。

（三）材料消耗定额是推行经济责任制的重要条件

实行经济责任制的重要内容之一，是要确定耗用材料的经济责任。依据材料消耗定额计算工程材料需用量，作为材料消耗的标准，根据承包者耗用材料的节超情况，分别奖励或惩罚。

（四）材料消耗定额是加强经济核算的基础

材料核算是建筑企业经济核算的主要内容之一。材料核算中必须以材料消耗定额作为标准，分析工程施工实际材料耗用水平，材料成本的节约或超支情况，找到降低材料成本的途径。

（五）材料消耗定额是提高经营管理水平的重要手段

材料消耗定额是建筑企业经营管理的基础工作之一。通过材料消耗定额的管理，促使企业有关部门研究物资管理工作，改善施工组织方法，改进操作技术，提高企业的经营管理水平。

三、材料消耗定额分类

（一）按用途分类

（1）材料消耗概算定额

材料消耗概算定额指在设计资料不齐全，有较多不确定因素的条件下，用于估算建筑工程所需材料数量的定额。材料消耗概算定额、劳动概算定额、机械台班概算定额组成建筑工程概算定额。

材料消耗概算定额，主要用于估算建筑工程的材料需用量，为编制材料备料计划提供依据。材料消耗概算定额主要有以下几种：

1）万元产值材料消耗定额（简称万元定额）：即每万元施工产值材料消耗的数量标准。它按一定的统计期完成的施工产值和消耗的必要材料数量，经平均计算得到。公式如下：

$$\begin{array}{c}\text{每万元施工产值}\\\text{某种材料消耗定额}\end{array}=\frac{\text{统计期该种材料的总消耗量}}{\text{统计期完成的施工产值（万元）}}$$

测定万元定额时，因工程类型各异，每万元施工产值消耗的材料差异较大。使用万元定额时，应分析实际工程的类型，选用相应的定额。此外，还应分析建筑产品价格变动情况，根据变动幅度，对万元定额加以修正。

2）单位建筑面积材料消耗定额（简称平方米定额）：即每平方米建筑面积材料消耗的数量标准。它是一定统计期竣工工程材料的消耗量和竣工工程面积的比值。公式如下：

$$\begin{array}{c}\text{每平方米某种材料}\\\text{的消耗定额}\end{array}=\frac{\text{统计期竣工工程该种材料的总消耗量}}{\text{统计期竣工工程面积（m}^2\text{）}}$$

建筑工程结构类型不同，所消耗材料的数量不同。因此，测定平方米定额必须区分工程的结构类型，分别制定。平方米定额和万元定额相比较，因不受价格变动的影响，较为准确。但是，平方米定额受施工工艺、材料品种、设计标准变化的影响。使用时仍需根据变化的情况对定额加以调整，才能保证准确、适用。

3）分部分项工程实物工程量材料消耗综合定额：即单位分部分项工程实物工程量所消耗材料的数量标准。这种定额一般也按照统计资料测算。公式如下：

$$\begin{array}{c}\text{某分部（分项）工程}\\\text{某种材料消耗定额}\end{array}=\frac{\text{统计期该分部（分项）工程消耗该种材料的数量}}{\text{统计期该分部（分项）工程的实物工程量}}$$

分部分项工程实物工程量定额比平方米定额更详细一些，接近于预算定额，只是项目划分得综合一些。

（2）材料消耗预算定额

材料消耗预算定额，是由各地方政府主管部门统一制定。用于计算建筑商品价格的定额。材料消耗预算定额是建筑工程预算定额的组成部分。

材料消耗预算定额，反映各地区材料消耗的社会平均水平，具有“统一标准”的作用。是甲乙双方结算材料价款的依据。各单位在使用中，不得更改（有规定的除外）。预算定额确定某一地区社会平均消耗水平，制定时必须依据现行设计标准、设计规范、标准图纸、施工验收规范、质量检验评定标准、操作规程、合理的施工组织设计、施工条件、当地消耗水平等因素，经反复测算后确定。预算定额测定颁发后，只能由颁发单位统一组织修订。材料消耗预算定额一般以分部分项工程为单位确定材料的消耗量。

预算定额主要用于编制施工图预算。如果企业用于编制材料计划，供内部施工生产使用，则可根据实际需要调整。

（3）材料消耗施工定额

材料消耗施工定额，是建筑企业内部编制材料计划，限额发料的定额。材料消耗施工定额是建筑工程施工定额的组成部分，是由建筑企业自行编制的材料消耗的数量标准。它是建筑企业管理标准的组成部分。

材料消耗施工定额和材料消耗预算定额相近，但又有所区别。主要表现为以下几点：

1）材料消耗施工定额由企业自行制定，适用于企业内部；材料消耗预算定额由各地政府主管部门制定，适用于一个地区。

2）材料消耗施工定额按本企业实际的施工条件和生产经营管理水平编制，而材料消耗预算定额按地区社会平均水平编制。

3）材料消耗施工定额的项目接近操作程序，项目划分一般较细；材料消耗预算定额重在定价。

4）材料消耗施工定额主要是材料消耗的实物量，而材料消耗预算定额强调实物量和价值量的统一。

对建筑企业而言，预算定额决定企业的收入，施工定额是企业计划支出的标准。所以，施工定额的材料消耗量应低于预算定额的材料消耗量。

（二）按材料分类

（1）主要材料（结构件）消耗定额

主要材料和结构件直接构成工程实体，是一次性消耗。定额由净用量加一定损耗构成。

（2）其他材料消耗定额

其他材料是建筑产品生产的辅助材料，不直接构成工程实体。其用量较少，但品种多而复杂，一般通过主要材料间接确定，在预算定额中常不列出品种，而只列出其他材料费。

（3）周转材料（低值易耗品）消耗定额

周转材料和低值易耗品可以多次使用，逐渐消耗并转移价值。在定额中，周转材料只列每周转一次的摊销量。使用周转材料消耗定额时，必须注意这个特点。

（三）按范围分类

（1）建筑工程材料消耗定额：指建筑企业施工用材料的定额。例如，材料消耗概算定额、预算定额、施工定额都属于这一类，是材料管理工作的主要定额。

（2）附属生产材料消耗定额：指建筑企业所属附属企业生产的材料消耗定额。附属企业的生产活动属于工业生产，与施工活动的性质不同，需另外制定消耗定额。

（3）维修用材料消耗定额：指建筑企业在生产经营活动中，为保证设备等固定资产正常运转，在维修时消耗各种材料的定额。

四、材料消耗及定额的构成

为了清楚材料消耗定额的构成，首先应清楚材料消耗的构成。

（一）材料消耗的构成

建筑工程的材料消耗一般由有效消耗、工艺损耗和管理损耗三部分组成。

（1）有效消耗：指构成工程实体的材料净用量。

（2）工艺损耗：指由于工艺原因，在施工准备过程和施工过程中发生的损耗。工艺损耗又称施工损耗，包括操作损耗、余料损耗和废品损耗。

（3）管理损耗：指由于管理原因，在材料管理过程中发生的损耗，又叫非工艺损耗。包括运输损耗、仓库保管损耗等。

建筑工程材料消耗构成如图 2-1 所示。

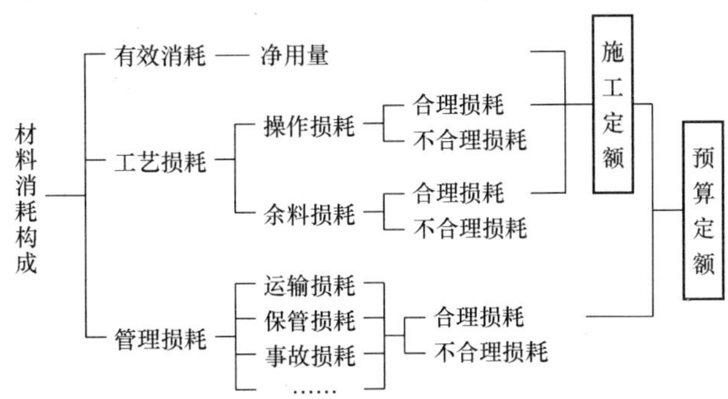

图 2-1　材料消耗与材料消耗定额构成

（二）材料消耗定额的构成

材料消耗定额的实质，就是材料消耗量的限额。一般由有效消耗和合理损耗组成。材料消耗定额的有效消耗部分是固定的，所不同的只是合理损耗部分。

（1）材料消耗施工定额的构成

材料消耗施工定额 = 有效消耗 + 合理的工艺损耗

材料消耗施工定额主要用于企业内部施工现场的材料耗用管理，因而一般不包括管理损耗。当然，这也不是绝对的。随着材料使用单位（工程承包单位）承包范围的扩大，材料消耗施工定额则应包含相应的管理损耗。

（2）材料消耗预（概）算定额的构成

材料消耗预（概）算定额 = 有效消耗 + 合理的工艺损耗 + 合理的管理损耗

材料消耗预（概）算定额是地区的平均消耗标准，反映建筑企业完成建筑产品生产全过程的材料消耗平均水平。建筑产品生产的全过程，涉及各项管理活动，材料消耗预（概）算定额不仅应包括有效消耗与工艺损耗，还应包括管理损耗。

五、材料消耗定额的制定方法

制定材料消耗定额的目的，是既要保证施工生产的需要，又要降低消耗，才能提高企业经营管理水平，取得最佳经济效益。

（一）制定材料消耗定额的要求

（1）定质

即对建筑工程或产品所需的材料品种、规格、质量做正确的选择，务必达到技术上可靠、经济上合理和采购供应上的可能。

具体考虑的因素和要求是：品种、规格和质量均符合工程（产品）的技术设计要求，有良好的工艺性能、便于操作、有利于提高工效，采用通用、标准产品，尽量避免稀缺昂贵材料。

（2）定量

定量的关键在损耗。消耗定额中的净用量，一般是不变的量。定额的先进性主要反映在对损耗量的合理判断。即如何科学、正确而合理地判断损耗量的大小，是制定消耗定额的关键。

（二）材料消耗定额制定的方法

（1）技术分析法

技术分析法指根据施工图纸、设计资料、施工规范、工艺流程、设备要求、材料品种、规格等资料，采用一定方法计算材料消耗量的方法。步骤如下：

1）计算净用量：净用量是组成材料消耗定额的主要内容，一般有两种确定方法：

① 分项工程只有一种主要材料，如铝合金门窗制作、安装玻璃窗等，可以直接根据施工图纸计算净用量。

② 分项工程由多种材料构成，如砌砖工程、混凝土工程，应先确定各种主要材料的比例，然后根据施工图纸和主要材料比例计算其净用量。

2）确定损耗率：根据施工工艺、施工规范、材料质量、设备要求、历史资料和管理水平测算损耗率。

$$\text{管理损耗率} = (\text{管理损耗量} \div \text{消耗总量}) \times 100\%$$

$$\text{工艺损耗率} = (\text{工艺损耗量} \div \text{消耗总量}) \times 100\%$$

3）计算材料消耗定额：

$$\text{材料消耗预算定额} = \text{净用量} \div (1 - \text{损耗率})$$

$$\text{材料消耗施工定额} = \text{材料消耗预算定额} \times (1 - \text{管理损耗率})$$

【例1】 现浇钢筋混凝土梁，用42.5普通硅酸盐水泥、5～40mm碎石，中砂，要求混凝土强度等级为C30，试确定其材料消耗定额。

解：第一步，计算净用量

浇注1m^3梁的混凝土净用量为1m^3。根据技术要求知C30混凝土材料配合比为：42.5水泥320kg、中砂1.01m^3、碎石0.88m^3。

第二步，确定损耗率

根据有关资料得知，现浇混凝土梁的工艺损耗率为1.2%，水泥管理损耗率为1.3%，黄砂管理损耗率为1.5%，碎石管理损耗率为3%

第三步，计算混凝土梁的材料消耗预算定额

混凝土净用量 $=1/(1-1.2\%)=1.012$（m^3）

42.5水泥定额用量 $=320\times1.012/(1-1.3\%)=320.37$（kg）

中砂定额用量 $=1.01\times1.012/(1-1.5\%)=1.04$（$m^3$）

碎石定额用量 $=0.88\times1.012/(1-3\%)=0.92$（$m^3$）

第四步，计算混凝土梁的材料消耗施工定额

42.5 水泥定额量 =320.37×（1-1.3%）=316.21（kg）

中砂定额量 =1.04×（1-1.5%）=1.02（m^3）

碎石定额量 =0.92×（1-3%）=0.89（m^3）

（2）标准试验法

标准试验法指在实验室用专门仪器设备测试确定材料消耗量的方法。在标准条件下，试验确定的材料消耗量还应按实际条件进行调整。此法适用于砂浆、混凝土、沥青柔性防水屋面等符合材料消耗量的测定。

（3）统计分析法

统计分析法，即按某分项工程实际材料消耗量与完成的实物工程量统计的数量，求出平均消耗量。在此基础上，再根据计划期与原统计期的不同因素做适当调整后，确定材料消耗定额。

采用统计分析法时，为确保定额的先进水平，通常按以往实际消耗的平均先进数作为消耗定额。求平均先进数，是从同类型结构工程的 10 个单位工程消耗量中，扣除上、下各 2 个最低值和最高值后，取中间 6 个消耗量的平均值；或者，将一定时期内比总平均数先进的各个消耗值求平均值，这个新的平均值即为平均先进数。现举例如表 2-1 所示。

表 2-1　某产品消耗的材料统计表

项目＼月份	7	8	9	10	11	12	合计
产量	80	80	80	90	110	100	540
材料消耗量/kg	960	880	800	891	1 045	824	5 400
单耗/（kg/单产）	12	11	10	9.9	9.5	8.24	10

从表 2-1 中看出，7～12 月份每月用料的平均单耗为 10kg。其中，7 月、8 月两个月的单耗大于平均单耗，9 月与平均单耗相等，10 月、11 月、12 月三个月低于平均单耗，这三个月的单耗即为先进数。再将这三个月的材料消耗数计算出平均单耗，即为平均先进数。计算式为：

$$\frac{891+1\ 045+824}{90+110+100}=\frac{2\ 760}{300}=9.2\ (\text{kg/单产})$$

（4）经验估算法

经验估算法，是根据有关制定定额的业务人员、操作者、技术人员的经验或已有资料，通过估算来制定材料消耗定额的方法。估算法具有实践性强、简便易行、制定迅速的优点，但其缺点是缺乏科学计算依据、因人而异、准确度较差。

经验估算法常用于急需临时估算，或无统计资料或虽有消耗量但不易计算（如某些辅助材料、工具、低值易耗品等）的情况。此法亦称“估工估料”，应用仍较普遍。

（5）现场测定法

现场测定法，是组织有经验的施工人员、技术工人、业务人员，在现场实际操作过程中对完成单一产品的材料消耗进行实地观察和查定、写实记录，用于制定定额的方法。

现场测定法的优点是目睹现实、真实可靠、易发现问题，利于消除一部分消耗不合理的浪费因素，提供较为可靠的数据和资料。但工作量大，在具体施工操作中实测较难，还不可避免地会受到工艺技术条件、施工环境因素和参测人员水平等的限制。

第二节　材料消耗定额管理

一、材料消耗定额管理的基本要求

（1）材料消耗定额必须具有科学性、严密性。

（2）材料消耗定额一经颁布，必须严格执行，不得任意更改，保持一定阶段的稳定性。

（3）材料消耗定额要具有先进性和可行性。

二、建立和健全材料消耗定额管理组织体制

加强材料消耗定额管理，首先要从组织体制抓起，建立各级材料定额管理机构。

材料定额管理机构的任务是拟定有关材料消耗定额的政策和规定，组织编制或审批材料消耗定额，监督材料定额的执行，定期修订定额，负责材料定额的解释。

各级材料定额管理机构还应配备专职或兼职材料定额管理员，使物化劳动的消耗定额与活动的消耗定额一样有人管，负责材料消耗定额的解释和业务指导；经常检查定额使用情况，发现问题，及时纠正；做好定额考核工作；收集积累有关定额资料，以便修订调整定额。

三、做好材料消耗定额的制定和补充工作

建筑企业材料消耗定额的制定和补充工作应落实到职能部门，将其作为该职能部门的正常业务工作。这要求有关人员熟悉和研究材料消耗定额的编制原则和方法，对不能满足实际要求的材料消耗定额进行定期修订和补充。

编制材料消耗定额，要遵循以下几点原则：

（1）降低消耗的原则：加强材料消耗定额管理的目的，就是为了提高经济效益，降低消耗。

（2）实事求是的原则：制定材料消耗定额，不能脱离客观实际，要从客观实际条件出发，确定合理的定额水平。

（3）先进的原则：为了充分发挥和调动生产工人合理使用材料的积极性，确定材料消耗定额水平，从总的发展趋势看，必须坚持先进的原则，使生产工人始终保持充沛的精力、坚强的意志、坚定的信心，为实现定额水平而做不懈努力。

（4）确保工程质量的原则：确保工程质量是最大的节约，质量低劣的产品是最大的浪费。

材料消耗定额很难一次编齐编全，往往在执行中逐步齐备。有的项目可能在制定时遗漏了，有的项目可能随着技术工艺的不断进步而产生。应根据制定定额的基本原则和方法，及时调查研究，收集资料，及时拟定补充定额。

四、正确使用材料消耗定额

材料消耗定额，受到以下三个因素影响：

（1）工程项目的设计要求

在工程项目设计中对混凝土和砌筑砂浆的标号，粉刷砂浆的配合比，墙面粉刷和地坪的厚度等，都有明确具体的要求，是决定材料消耗定额的重要条件，所以在执行定额中，应在定额表中对照这些技术要求，根据设计要求，采用相应的定额项目。

（2）使用材料的规格、质量

材料相同，质量规格不同，材料的定额用量也不同。如水泥的标号有：P. O 42. 5、52. 5 等（P. O 表示普通硅酸盐水泥），河砂有细、中、粗砂等，碎石有 5～15mm、5～25mm、5～40mm、5～70mm 之分等，要对照使用材料的品种规格，确定相应的材料定额用量。

（3）工程内容及工艺要求

如抹灰工程中手工粉刷与机喷粉刷的消耗水平不同，混凝土分现浇和预制，工程的计量单位有的按延长米计量，有的按平方米或立方米计量，以及工程所包括的具体内容，如混凝土工程，有随捣随抹，其中已包括抹面，就不需另行增加抹面用材料。因此工程的内容和工艺不同，材料消耗定额也不同。

实际工程内容和工艺要求有所不同，需要材料数量也不相同，应进行换算。

在查用材料消耗定额时，先根据工程项目，查找相应的定额部分，然后再对照材料规格质量、工程内容、工艺要求三个因素，查找适用的材料消耗定额。

五、材料消耗定额的修订

（1）找出需要修改定额的实际原因

如施工条件能不能达到定额中规定的要求、定额水平是否脱离实际可能或定额用量要求过严、失去了一定的约束力，质量要求是否符合实际，等等。通过调查，针对原因所在，研究解决问题的办法。

（2）掌握原始数据

平时在实际施工中要经常注意原始消耗资料的积累，作为修订定额的原始依据。

（3）正确做好修改定额的计算，使修订后的定额更加符合实际，推动施工生产发展。

（4）修订的定额一定要按规定程序，报请上级批准后执行，如果随便修改，没有经过一定的审批程序，那就失去了定额应有的严肃性。

在修订材料消耗定额的过程中，要由技术、施工、材料等有关部门共同研究解决，进行技术和经济上的综合处理。

以抹灰工程为例，处理抹灰工程材料超用现象，应从以下三方面着手研究，进行处理。

1）抓上道工序的质量：砌墙的质量不符合标准，是造成粉刷材料超耗的重要原因，一定要把墙面垂直度和平整度抓好，严格质量和操作工艺的检查，严格质量材料和操作规程的贯彻，保证墙体工程质量优良，为抹灰工程施工创造良好的条件。

2）在墙体工程完工后，组织一次实地检查，对局部高低不平，安排力量进行修补，使墙面恢复平整，然后进行抹灰。虽然多花了人工，但可以减少粉刷厚度，节约材料，还是合理的。据某单位某年统计资料，全年抹灰工程量为 1 245 万 m^2，若平均以超厚 3mm 估算，将多用抹灰砂浆 3. 7 万 m^3，损失约为 200 万元，且实际超厚，往往不止此数，应引起足够的重视。

3）修订定额：墙面处理后，若仍不符合规定要求达到的定额消耗水平，由施工、技术和材料等部门共同商讨修订消耗定额，要注意实事求是，科学测算，按照规定的审批手续报请批准。

六、材料消耗定额的调整

（1）工程设计的要求与定额规定的条件不符时，可根据工程设计的要求，对比定额规定条件，作相应调整。如抹灰和楼地面面层的厚度，工程设计为了某种原因，要求大于定额规定厚度时，可以按增加部分调整材料消耗定额。举例如下：

某工程楼地面面层的设计要求做 40mm 厚的细石混凝土，但某单位的材料消耗定额规定厚度为 30mm，材料消耗定额按规定可以作相应调整。

$$材料消耗定额调整系数 = \frac{设计要求厚度}{定额规定厚度} = \frac{40}{30} = 1.33$$

（2）使用材料的规格与材料消耗定额规定不符时，可以调整定额。如定额规定混凝土的细骨料，以中砂、粗砂为基础，若粒径有变化时，其水泥用量可作相应调整，调整幅度控制在 ±2%。使用水泥的标号，由于货源问题，很难完全按定额规定的标号组织供应，同时应考虑到水泥富裕强度的利用，高、低标号的互换和水泥强度富裕系数的大小一定要有配合比，以设计的资料和统计资料作为调整的依据。

（3）施工上的特殊要求，影响材料消耗量时，也可按规定作相应调整，如混凝土一般在定额确定时，规定坍落度为 4 ~ 6mm，若施工中要求增加坍落度时，有些单位规定每增加 1mm 坍落度，在保持水灰比不变的情况下，高强度等级的混凝土增加水泥用量 2%，低强度等级的混凝土增加水泥用量 3%。别处在使用代用品时，应按代用品的比例调整定额。

七、材料消耗定额的考核

加强材料消耗定额考核，可以弄清材料耗用的经济效益。建筑企业要以分部分项工程为主，以限额领料单为依据，考核材料节约或超支情况。考核的重点是计算节约和超耗。它可用实物和货币两种方式考核。主要指标如下：

$$某种材料节约量 = 定额消耗总量 - 实际消耗总量$$

$$某种材料节约额 = 定额消耗总额 - 实际消耗总额$$

$$或某种材料节约额 = 某种材料节约量 \times 该种材料单价$$

除此之外，还有一种较普遍的考核方式，就是考核节约率。计算方法如下：

$$某项材料的节约率（\%） = \frac{某项材料节约总量（或节约额）}{某项材料定额消耗总量（或节约额）} \times 100\%$$

由于材料品种繁多，除了要考核某项材料的节约率之外，还要考核许多材料综合的节约率。

$$材料节约率（\%）=\frac{材料总的节约额}{材料定额需用总额}\times 100\%$$

收集和积累材料定额执行情况的资料，经常进行调查研究的分析工作，是材料定额管理中一项重要工作，不仅能弄清材料使用上的节约和浪费原因，而更重要的是揭露浪费，堵塞漏洞，总结交流节约经验，促使其进一步降低材料消耗、降低工程成本，并为今后修订和补充定额，提供可靠资料。

第三节　常用材料消耗定额的应用

一、材料消耗预算定额

材料消耗预算定额是由地方主管部门统一组织制定的，是地区性的预计建筑工程材料需用量的定额，一般合并编制在建筑工程预算定额内。

材料消耗预算定额是编制建筑安装施工图预算的法定依据，是确定工程造价，办理工程拨款的依据，是计算招标标底和投标报价的基础。也是选择设计方案、进行企业经济活动分析的基础。在材料采购供应活动中是编制材料分析，控制材料消耗进行对比的依据。

二、材料消耗施工定额

材料消耗施工定额是由建筑企业自行编制的材料消耗定额，又称企业内部定额。是施工班组实行限额领料，进行分部分项工程核算和班组核算的依据。施工定额既接近于预算定额，但又不同于预算定额。其相同之处在于，它基本上采用预算定额的分部分项方法，不同之处在于，它结合本企业现有条件下可能达到的平均先进水平，它是企业管理水平的标志。

材料消耗施工定额是建筑施工中最细的定额，它能详细反映各种材料的品种、规格、材质和消耗数量，作为企业内部编制材料需用计划，组织现场定额供料的依据。

限额领料也称定额用料，是指施工队伍在施工时必须将材料的消耗控制在该操作项目消耗定额之内，是施工企业材料消耗管理的有效方法之一。选用正确的施工定额，是计算材料限额的标准。选用定额时，首先根据施工项目找出定额中相应的分章工程，根据分章工程查找分章中定额子目，并填写定额编号和单方用量。其次用施工项目的工程量乘以需用各种材料的单方用量，得出各种材料的需用量。

【例2】　工程需用M5混合砂浆，砌140m^3墙体双混1.5砖，计算该工程计划需各种材料多少？

解：首先查定额得出每立方米砌体需用M5混合砂浆0.26m^3，机砖510块；然后求出0.26m^3砂浆各种材料单方用量，根据砌筑砂浆配合比，M5混合砂浆每立方米含P.O 42.5水泥182kg，白灰75kg，砂子1.27m^3，计算0.26m^3砂浆水泥、白灰、砂子需用量；最后计算出140m^3砌体所需各种材料：

P.O 42.5水泥需用量：$182kg/m^3\times 0.26m^3\times 140m^3=6\ 625kg$

白灰需用量：$75kg/m^3\times 0.26m^3\times 140m^3=2\ 730kg$

砂子需用量：$1.27m^3/m^3\times 0.26m^3\times 140m^3=46.23m^3$

标砖需用量：510 块/m^3 ×140m^3 =7 140 块

三、材料消耗估算指标

材料消耗估算指标是在材料消耗预算定额基础上以扩大的结构项目形式表示的一种定额。一般以整栋建筑物为对象，表明每平方米建筑面积或每万元施工产值某种材料消耗量。

材料消耗估算指标一般是据历年统计资料和工程结构类型的材料耗用量，结合企业现有管理水平，经过整理分制而制定的一种经验定额。其指标表现形式有：材料消耗量/万元施工产值，材料消耗量/建筑面积。材料消耗估算指标内容较粗，只能用于匡算主要材料用量，编制年度备料计划。

复 习 思 考 题

1. 基本概念：材料消耗定额、材料消耗预算定额。
2. 材料消耗定额有哪些作用?
3. 简述材料消耗及材料消耗定额的构成。
4. 简述材料消耗定额的制定方法。
5. 简述材料消耗定额管理的主要工作内容。
6. 简述材料消耗定额考核的方式。
7. 简述材料消耗定额应用的程序。

第三章　材料计划管理

第一节　材料计划管理概述

材料计划是对一定时期内材料工作的安排。材料计划管理是为实现材料工作目标所做的具体部署。材料计划是对建筑企业所需材料的质量、品种、规格、数量等在时间和空间上作出的统筹安排。

材料计划确定建筑企业在一定时期内材料工作应达到的目标，是企业材料部门的行动纲领，对组织材料供应，提高企业经济效益，具有十分重要的作用。

一、材料计划管理的概念

材料计划管理指运用计划来组织、指挥、监督、调节材料的订货、采购、运输、分配、供应、储备、使用等经济活动的管理工作。

二、材料计划管理的任务

材料计划管理为实现企业施工生产经营目标做好物质准备，为施工过程做好平衡协调工作，采取措施，促进材料的合理使用，建立健全材料计划管理制度。

（1）根据建筑施工生产经营对材料的需求，核实材料用量，了解企业内外资源情况，做好综合平衡，正确编制材料计划，保证按期、按质、按量、配套组织供应。

（2）贯彻节约原则，有效利用材料资源，减少库存积压和各种浪费现象，组织合理运输，加速材料周转，发挥现有材料的经济效益。

（3）经常检查材料计划的执行情况，及时采取措施调整计划，组织新的平衡，发挥计划的组织、指导、调节作用。

（4）了解核实实际供应和消耗情况，积累定额资料，总结经验教训，不断提高材料计划管理水平。

在编制和执行材料计划的过程中，要注意以下几点：

1）认真编制各项材料计划，保持材料计划的准确性。

2）对建筑施工、材料供应工作的复杂性，应有足够的认识。

3）保持材料计划的严肃性。

三、材料计划分类

材料计划有多种分类形式。按材料使用方向分为生产材料计划和基建材料计划；按材料计划用途分为材料需用计划、材料申请计划、材料供应计划、材料加工订货计划和材料采购计划；按材料计划期限分为年（季）度计划、月度计划、一次性用料计划、临时追加材料计划。

（一）按用途分类

（1）材料需用计划（简称用料计划）

材料需用计划反映建筑企业生产经营活动计划需用材料的数量等。包括需用材料的数量、品种、规格、时间等。材料需用计划是编制其他材料计划的基础。

（2）材料供应计划（简称供应计划）

材料供应计划，是指根据材料需用计划、库存资源和合理储备等条件，经综合平衡后制订的，指导材料申请、订货、采购等活动的计划。它是材料部门组织供应材料应达到的目标。

（3）材料订货计划（也称订货明细表）

材料订货计划，是为采购人员向市场采购材料而编制的计划。

（4）材料采购计划（简称采购计划）

材料采购计划，是指为保证年度施工生产任务的完成而编制的材料计划。

（5）材料加工计划

材料加工计划，是指为与加工单位签订加工合同而编制的计划。

（6）材料运输计划

材料运输计划，是指为组织材料运输工作而编制的计划。

（7）材料储备计划

材料储备计划，是指为保证施工生产正常进行所作的材料准备而编制的计划。

（二）按使用方向分类

（1）生产用材料计划

生产用材料计划，是指为完成生产任务而编制的材料计划。包括附属辅助生产用材料计划、经营维修用材料计划。

（2）基本建设用材料计划

基本建设用材料计划，是指为完成基本建设任务而编制的材料计划。包括对外承包工程用材料计划、企业自身基本建设用材料计划。

（三）按计划期分类

（1）年度材料计划

年度材料计划是年度综合计划的重要组成部分。

年度材料计划，是指为保证年度施工生产任务的完成而编制的材料计划。

（2）季度材料计划

季度材料计划，是指为保证完成季度施工生产任务而编制的材料计划。它是年度材料计划在某季度的体现。

（3）月（旬）材料计划

月（旬）材料计划，是指为保证月（旬）施工生产任务而编制的材料计划。它是年（季）材料计划的具体实施计划，同时也是月（旬）施工作业计划的组成部分。

（四）按供货渠道分类

（1）物资企业供料计划

物资企业供料计划，是指由物资企业负责供应的材料，企业编制需用计划，直接向物资企业要求供应。

（2）建设单位供料计划

建设单位供料计划，是指按签订工程合同时的分工，凡属建设单位供应的材料，由建筑企业根据施工进度编制需用计划，要求对方按需求供应。

(3) 建筑企业自供料计划

建筑企业自供料计划，是指凡按工程合同分工属于建筑企业自己组织供应的材料，按要求分别编制相应的需用、供应、采购等计划。

四、各种材料计划的关系

各种材料计划之间的关系如图 3-1 所示。

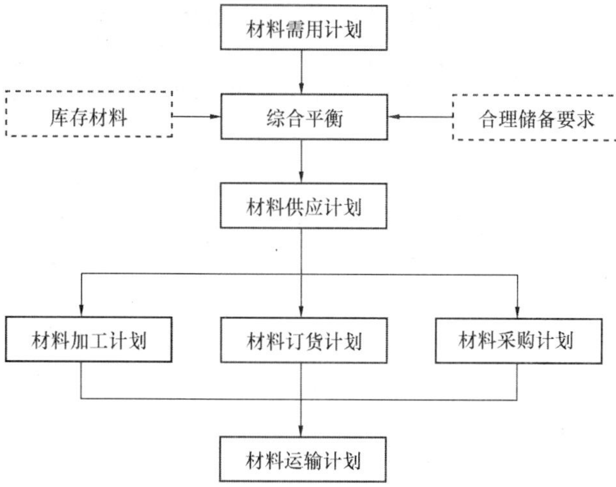

图 3-1　各种材料计划之间的关系

五、影响材料计划管理的因素

材料计划的编制和执行，会受许多因素的制约，处理妥当与否会影响计划的编制和执行。主要影响因素有企业内部因素和外部因素。

企业内部因素主要是由企业内部门间衔接薄弱造成的。企业外部因素主要表现在材料市场的变化因素和与施工生产相关的因素。如材料政策因素、建材生产厂家因素、气候条件变化、材料市场需求变化、施工进度变化等。编制材料计划应实事求是，积极稳妥，使计划切实可行。计划执行中应严肃认真，为达到计划的预期目标打好基础。

第二节　材料计划的编制和实施

一、材料计划的编制原则

编制材料计划应遵循综合平衡的原则，实事求是的原则，留有余地的原则，严肃性和灵活性统一的原则。

二、材料计划的编制准备工作

编制材料计划前，要有正确的指导思想，收集相关资料（施工生产任务量、材料消耗定额、库存材料情况、报告期材料计划执行情况、施工现场的实际情况等），了解市场信息，有的放矢。

三、材料计划的编制程序

（1）计算需用量

1）工程材料需用量一般由基层施工用料单位提出，年度计划由企业材料部门提出。

2）周转材料需用量需结合工程特点分析计算得出。

3）辅助材料及生产维修用料需用量，可用间接计算法计算。

$$需用量=\frac{上期实际消耗量}{上期实际完成工程量}\times本期计划工程量\times增减系数$$

（2）确定供应量

$$供应量=计划需用量+计划期末储备量-计划期初库存量$$

（3）按不同渠道分类申请。

（4）编制供应计划。

（5）编制订货、采购计划。

四、材料计划的编制方法

（一）材料需用计划的编制方法

材料需用计划反映企业生产经营活动所需各种材料的数量、品种、规格、使用时间等，是企业最重要的材料计划。工程用料计划的编制方法主要有下述两种。

（1）直接计算法

直接计算法也称预算法，要求按施工图预算的编制程序分析工程材料需用量。即按施工图纸和定额规定计算工程量后，套用材料消耗定额分析各分项工程材料需用量，汇总各分项工程材料需用量形成单位工程材料需用计划，最后按施工进度计划确定各计划期的需用量等。

直接计算法的一般公式：

$$某种材料计划需用量=计划建筑安装工程实物工程量\times某种材料消耗定额$$

式中，计划建筑安装工程实物工程量是按预算方法计算的在计划期应完成的分部分项工程实物工程量；材料消耗定额应根据计划的用途，分别选用预算定额或施工定额。

材料需用计划编制程序如图 3-2 所示。

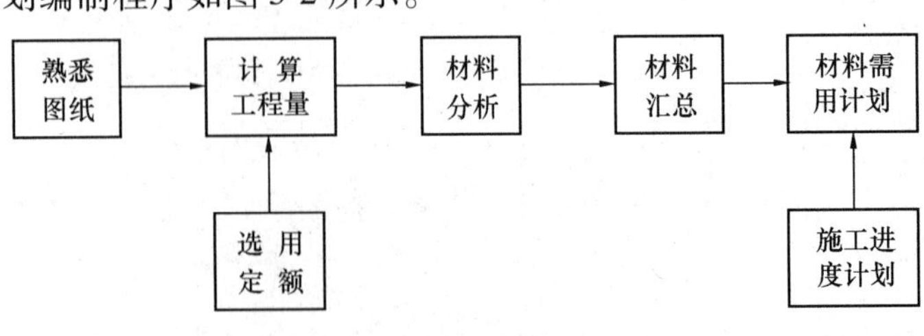

图 3-2　材料需用计划的编制程序

1）材料分析表的编制：根据计算出的工程量，套用材料消耗定额分析出各分部分项工程的材料用量及规格。材料分析表如表 3-1 所示。

表 3-1　材料分析表

工程名称：

编制单位：　　　　　　　　　　　　　　　　　　　　　　　　　　　　　编制日期：

序号	分部分项工程名称	工程量		材料名称、规格、数量						
		单位	数量							

审核：　　　　　　　　　　　　　　编制：　　　　　　　　　　　　　　共　页第　页

2）材料汇总表的编制：将材料分析表中的各种材料，按建设项目和单位工程汇总即为汇总表。表格形式如表 3-2 所示。

表 3-2　材料汇总表

编制单位：　　　　　　　　　　　　　　　　　　　　　　　　　　　　　编制日期：

序号	建设项目	单位工程	材　料　汇　总				
			水泥（P. O）	水泥（P. O）	红砖	钢筋	……
			52. 5	42. 5	标砖	$\phi8$	……

3）材料需用量计划表的编制：将材料汇总表中各项目材料，按进度计划的要求分摊到各使用期即为需用量计划表。表格形式如表 3-3 所示。

表 3-3　材料需用量计划表

编制单位：　　　　　　　　　　　　　　　　　　　　　　　　　　　　　编制日期：

序号	项目名称	材料计划				各期用量			
		名称	规格	单位	数量				
	××工程								
	××工程								
	××工程								

共　页第　页

（2）间接计算法

间接计算法即为概算法。当工程任务已经落实，但在设计资料不全的情况下，为提前备料提供依据而采用的计划方法。

1）概算定额法：概算定额法是利用概算定额编制需用计划的方法。根据概算定额的类别不同，主要有以下几种：

①用平方米定额计算。公式如下：

某种材料需用量 = 建筑面积 × 同类工程某种材料平方米消耗定额 × 调整系数

此方法适用于已知工程结构类型和建筑面积的工程项目。

②用万元定额计算。公式如下：

某种材料需用量＝工程项目计划总投资×同类工程项目万元产值材料消耗定额×调整系数

此方法适用于只知道计划投资总定额的项目。

2）动态分析法：动态分析法是利用材料消耗的统计资料，分析变化规律，根据计划任务量估算材料计划需用量的方法。多数预测方法都可用于动态分析法。在实际工作中，常按简单的比例法推算。公式如下：

$$某种材料计划需用量=\frac{计划期任务量}{上期完成任务量}\times上期该种材料消耗量\times调整系数$$

式中，任务量可以用价值指标表示，也可以用实物指标表示。

3）类比分析法：对于既无消耗定额，又无历史统计资料的工程，可用类似工程的消耗定额进行推算。即用类似工程的消耗定额间接推算。公式如下：

某种材料计划需用量＝计划工程量×类似工程材料消耗定额×调整系数

（二）材料供应计划的编制方法

（1）确定供应量

据材料需用计划、计划期初库存量、计划期末库存量（周转储备量），用平衡原理计算材料实际供应量。

材料计划是在需用计划的基础上，根据库存资源及储备要求，经综合平衡计算材料实际供应量的计划，它是企业组织材料采购、加工订货、运输的指南。

材料供应量的计算公式如下：

材料供应量＝材料需用量－期初库存量＋期末储备量

期初库存量＝编制计划时的实际库存＋至期初的预计到货量－至期初的预计消耗量

期末储备量＝经常储备＋保险储备

或　　　　期末储备量＝经常储备＋保险储备＋季节储备

式中，经常储备、保险储备、季节储备在“材料储备管理”中做详细介绍。

【例1】　2009年11月30日编制次年材料供应计划，有关资料见表3-4。

表3-4　材料供应计划平衡表

序号	材料名称	单位	现有库存	预计期收支		起初库存量	期末储备量			计划	
				进货	消耗		经常	保险	合计	需用量	供应量
1	××材料	t	20	25	21	24	18.21	4.97	23.18	205	204.18
	……										

解： 期初库存量＝实际库存＋预计进货量－预计消耗量

＝20＋25－21＝24（t）

期末储备量＝经常储备＋保险储备

＝18.21＋4.97＝23.18（t）

材料计划供应量＝计划需用量－期初库存量＋期末储备量

＝205－24＋23.18＝204.18（t）

计算出材料供应量，只完成了材料供应计划的第一步，还需根据企业实际情况制定具体供应措施，才能构成完整的供应计划。

（2）制定供应措施

制定供应措施，是按照材料管理体制，划分供应渠道；根据施工进度和储备定额，确定进货批量和具体时间。

1）划分供应渠道：按照材料管理体制，将所需供应的材料分为物资企业供应材料、建筑企业自供材料，以及由企业内部挖潜、自制、改、代的材料。划分供应渠道的目的是为下面编制订货、采购等计划提供依据。

2）确定供应进度：计划期供应的材料，不可能一次进货。应根据施工进度与合理的储备定额，确定进货的批量及具体时间。

【例 2】 利用例 1 提供的资料确定供应进度。

解：第一步，根据经常储备定额计算供应次数（N）及供应间隔期（T_g）

$$N=\frac{204.18}{18.21}\approx 11\text{（次）}$$

$$T_g=\frac{360}{11}\approx 33\text{（天）}$$

第二步，确定供应进度。按供应间隔期（T_g）直接推算日历时间即可。以 2 月 2 日第一次进货，33 天为供应间隔期，则供应进度应为 2 月 2 日、3 月 7 日、4 月 9 日、5 月 12 日、6 月 14 日、7 月 17 日、8 月 19 日、9 月 21 日、10 月 24 日、11 月 26 日、12 月 29 日。每批进货量为 18.21t。

以上算法，仅是一种理论算法，在实际工作中往往近似取整数进货。如本例中，应取每批进货 18.5t，此时同样满足供应需要。因为每批供应 18.5t，11 次共供应 203.5t，接近计划供应量 204.18t。因四舍五入不能保证 11 次供应总量就是计划供应总量。

材料供应计划的表格形式如表 3-5 所示。

表 3-5 材料供应计划表

编制单位：　　　　　　　　　　　　　　　　　　　　　　　　编制日期：年　月　日

材料名称	规格型号	计量单位	期初预计库存	计划需用量						期末库存量	计划供应量								
				合计	其中						合计	其中					小计	其中	
					工程用料	经营维修	周转材料	机械制造				物资企业	市场采购	挖潜改代	加工自制	其他		第一次	第二次

共　页第　页

（三）材料加工订货、采购计划的编制

材料供应计划所列各种材料，需按订购方式分别编制加工订货计划、采购计划。

（1）材料采购计划的编制

凡可在市场直接采购的材料，均应编制采购计划，以指导采购工作的进行。这部分材料品种多，数量大，规格杂，供应渠道多，价格不稳定，没有固定的编制方法。主要通过计划控制采购材料的数量、规格、时间等。材料采购计划表3-6的格式供参考。

表3-6中供应进度按供应进度计划的要求填写，采购进度应在供应进度之前。包括办理购买手续、运输、验收入库等所需的时间，即供货所需时间。

表3-6　材料采购计划

工程名称：

编制单位：　　　　　　　　　　　　　　　　　　　　　　　　编制日期：

材料名称	规格型号	单位	采购数量	供应进度					采购进度				
				第一次	第二次				第一次	第二次			

（2）材料加工订货计划的编制

凡需与供货单位签订加工订货合同的材料，都应编制加工订货计划。

加工订货计划的具体形式是订货明细表，它由供货单位根据材料的特性确定，计划内容主要有：材料名称、规格、型号、技术要求、质量标准、数量、交货时间、供货方式、到达地点及收货单位的地址、账号等，有时还包括必要的技术图纸或说明资料。有的供货单位以订货合同代替订货明细表。

订货单位按表格要求及企业供应计划等资料，一一填写。编制时，应特别注意规格、型号、质量、数量、供货方式及时间等内容，必须和企业的材料需用计划、材料供应计划相吻合。

五、材料计划的实施

材料计划的编制仅是材料计划工作的开始，材料计划的实施是材料计划工作的关键。

（一）组织材料计划的实施

材料计划工作是以材料需用计划为基础，然后确定供应量、采购量、运输量、储备资金量等，然后通过材料流转计划，把有关部门和环节联系成一个整体，实现材料计划目标。

（二）协调材料计划实施中出现的问题

材料计划实施中需要协调的问题也就是材料计划实施的重点检查对象。

（1）施工任务改变，材料计划也应作相应调整。

（2）设计变更，影响材料需用量和品种、规格、时间，应调整。

（3）供应商及运输情况变化，影响材料按时到货，应调整。

（4）施工进度提前或推迟，也应调整材料计划。

（三）建立计划分析和检查制度

为及时发现问题，保证全面完成计划，企业应按照分级管理职责，在检查反馈信息的基础上进行计划的检查分析，这就要求建立相应的制度。主要建立现场检查制度、定期检查制度、统计检查制度。

（四）计划的变更和修订

出现工程任务量变化、设计变更、工艺变动、其他原因，需要对材料计划进行调整和修订。材料计划变更及修订的主要方法有以下几种：

（1）全面调整或修订：当材料需用发生较大变化时，需全面调整计划。

（2）专项调整或修订：某项任务增减、施工进度改变，使材料需求发生局部变化，需作局部调整或修订。

（3）经常调整或修订：施工生产过程中，临时发生变化，需及时调整材料供应计划解决。

（五）考核材料计划的执行效果

考核材料计划执行效果需建立相应的指标体系，可包括以下几项指标：

（1）采购量及到货率、供应量及配套率。

（2）自有运输设备的运输量。

（3）流动资金占用额及周转次数。

（4）材料成本降低率。

（5）主要材料的节约额和节约率。

复 习 思 考 题

1. 基本概念：材料计划、材料计划管理。
2. 建筑企业常用哪几种材料计划？各类材料计划之间有什么关系？
3. 编制材料计划需要哪些依据？应收集哪些数据资料？
4. 编制材料计划应遵循哪些原则？
5. 简述编制材料计划的程序、方法。
6. 在实施材料计划的过程中应做好哪些管理工作？

第四章　材料采购管理

第一节　材料采购概述

一、材料采购的概念

建筑企业材料管理有采购、运输、储备和供应四大业务环节，采购是首要环节。材料采购就是通过各种渠道，把施工生产用材料购进来，保证施工生产的顺利进行。材料采购包括各类期货材料的加工、订货、采购等组织货源的业务工作。

二、材料采购应遵循的原则

（一）遵纪守法的原则

材料采购工作，应执行国家的政策，遵守物资管理工作的法规、法令和制度，自觉维护国家物资管理秩序。

（二）以需订购的原则

材料采购目的，是满足施工生产需要。必须坚持按需订货的原则，避免供需脱节或库存积压的发生。应按需用计划编制供应计划，按供应计划编制加工订货、采购计划，按计划组织采购活动。

（三）择优选择的原则

材料采购的另一个目标，是加强材料成本核算，降低材料成本。在采购时应比质、比价、比供应条件，经综合分析、对比、评价后择优选择供货，实现降低材料采购成本目标。

（四）恪守信誉的原则

材料采购工作，是企业经营活动的重要组成部分，体现了企业供应业务和外部环境的经济关系，显示了企业信誉水平。材料采购部门和业务人员做到信守合同、恪守诺言，提高企业的信誉。

三、影响材料采购的因素

随着市场的变化、企业施工生产和管理方法的变化，使材料采购受到企业内外部诸多因素影响，在组织材料采购时，应综合各方面的因素，力求企业利益。

（一）企业外部因素的影响

（1）货源因素

企业所需材料的货源大致可分为生产厂家、物资流通公司、商业部门三类。各类货源的价格、品种、规格、保证能力不同，必然影响企业材料采购。

（2）供货方信誉因素

供货方在时间、品种、质量、服务上能否保证企业需求，直接影响企业材料采购计划的完成。

（3）市场供求因素

市场供求状态、政策、价格等市场行情变化会影响采购决策。

（二）企业内部因素的影响

（1）施工生产因素

工程项目设计变更、施工进度计划调整会引起材料需用量变化，这要求调整材料采购计划。

（2）仓储能力因素

仓储能力直接限制采购批量和供应间隔时间。

（3）资金因素

采购批量依据材料需用量和经济订购批量确定，但采购资金的限制也将迫使企业调整采购批量。

除上述因素外，采购人员的素质、材料质量等对材料采购也有影响。

四、材料采购的分工

材料采购管理制度是材料采购过程采购权的划分和相关工作的规定。采购权原则上应集中在企业决策层。在具体实施时，分别处理。

（一）集中采购管理制度

集中采购，是由企业统一采购材料，通过企业内部材料市场分别向施工项目供应材料。它有利于对材料的指导、控制、统一决策、统筹采购资金，获得材料折扣优惠，降低材料采购成本，但因施工项目分散，难管理，不能发挥就地采购优势。

（二）分散采购制度

分散采购是由施工项目自行组织采购。它能发挥项目部的积极性，因地制宜，适应现场情况变化，但不能发挥集中采购的诸多优势。

（三）混合采购制度

混合采购是对通用材料、大宗材料由企业统一管理，特殊、零星材料分散采购。它汇集了集中采购和分散采购的优点，避其不足，是一种较为成熟的采购制度。

第二节　材料采购管理的内容

材料采购管理是对采购全过程的管理，从收集采购信息开始，到组织材料货源，从签订经济合同到确定采购批量全过程的管理。

一、材料采购信息的管理

采购信息是企业材料经营决策的依据，是采购业务咨询的基础资料，是进行货源开发，扩大货源的条件。

（一）材料采购信息的种类

材料采购信息按照采购信息的内容分类，一般有以下几种：资源信息、供应信息、价格信息、运输信息、市场信息、新技术和新产品信息、政策信息。

（二）信息的来源

材料采购信息首先应具有及时性，即速度要快，效率要高，失去时效也就失去使用价值；其次应具有可靠性，有可靠的原始数据，切忌道听途说，以免造成决策失误；还应具有一定的深度，反映或代表一定的倾向性，提出符合实际需要的建议。因此，在收集信息时，应力求广泛，其主要途径有以下几种：

（1）各种报刊杂志和专业性商业情报所刊载的资料；

（2）有关学术、技术交流会提供的资料；

（3）各种供货会、展销会、交流会提供的资料；

（4）广告资料；

（5）政府有关部门发布的计划、通报及情况报告；

（6）采购人员提供的资料；

（7）材料部门调查取得的信息资料。

（三）信息的整理

为了有效高速地采集信息、利用信息，企业应建立信息员制度和信息网络，并应用电子计算机等管理工具，随时进行检索、查询和定量分析。

采购信息的整理常用的方法有：

（1）运用统计报表的形式进行整理，按照需用的内容，从有关资料、报告中取得有关数据，分类汇总后，得到想要的信息。例如，根据历年材料采购业务工作统计，可整理出企业历年采购金额及其增长率，各主要采购对象合同兑现率等。

（2）对某些较重要的、经常变化的信息建立台账，做好动态记录，以反映该信息的发展状况。如按各供应项目分别设立采购供应台账，随时可以查询采购供应完成程度。

（3）以调查报告的形式就某一类信息进行全面的调查、分析、预测，为企业经营决策提供依据。如针对是否扩大企业经营品种，是否改变材料采购供应方式等展开调查，根据调查结果整理出“是”或“否”的经营意向，并提出经营方式、方法的建议。

（四）信息的使用

收集、整理信息是为了使用信息，为企业采购业务服务。信息经过整理后，应迅速反馈给有关部门，以便进行比较分析和综合研究，制订合理的采购策略和方案。

二、材料采购及加工业务

建筑企业采购和加工业务是有计划、有组织进行的。其内容有计划、设计、洽谈、签订合同、验收、调运和付款等工作，其业务过程，可分为准备、谈判、成交、执行和结算五个阶段。

（一）材料采购和加工业务的准备

采购和加工业务，需要有一个较长时间的准备。无论是计划分配材料或市场采购材料，都必须按照材料采购计划，做好细致的调查研究工作，摸清需要采购和加工材料的品种、规格、型号、质量、数量、价格、供应时间和用途，以便落实货源。在准备阶段，必须做好如下四项主要工作：

（1）按照材料分类，确定各种材料采购和加工的总数量计划。

（2）按照需要采购的材料，了解采购货源，选定供应单位，提出采购计划。

（3）选择和确定采购和加工企业，这是做好采购和加工业务的基础。必须选择设备齐全、加工能力强、产品质量好和经验丰富的企业。此外如企业的生产规模、经营信誉等，在选择中均应了解清楚。在采购和加工大量材料时，还可采用招标的方法，以便择优落实供应单位和承揽加工企业。

（4）按照需要，编制市场采购和加工材料计划，报请领导审批。

（二）材料采购和加工业务的谈判

材料采购和加工计划经有关单位平衡安排；市场采购和加工材料经部门领导批准后，即可开展业务谈判活动。业务谈判，就是材料采购人员与生产、物资和商业等部门进行具体的协商和洽谈。

采购谈判的主要内容有：

（1）明确采购材料的名称、品种、规格和型号；

（2）确定采购材料的数量和价格；

（3）确定采购材料的质量标准（国家标准、部颁标准、企业专业标准和双方协商确定的质量标准）和验收方法；

（4）确定采购材料的交货地点、方式、办法、交货日期、包装要求等；

（5）确定采购材料的运输办法，如需方自理、供方代送或供方送货；

（6）确定其他事项。

加工业务谈判的主要内容有：

（1）明确加工品的名称、品种和规格；

（2）确定加工品的数量；

（3）确定供料方式，如由定做单位提供原材料的带料加工或由承揽单位自筹材料的包工包料，以及所需原材料的品种、规格、质量、数量和提供日期；

（4）确定加工品的技术性能和质量要求，以及技术鉴定和验收方法；

（5）确定定做单位提供加工品样品的，承揽单位应按样品复制；定做单位提供设计图纸资料的，承揽单位应按设计图纸加工；生产技术比较复杂的，应先试制，经鉴定合格后再成批生产；

（6）确定加工品的加工费用和自筹材料的材料费用以及结算办法；

（7）确定原材料的运输办法及其费用负担；

（8）确定加工品的交货地点、方式、办法以及交货日期、包装要求；

（9）确定加工品的运输办法；

（10）确定双方应承担的责任，如承揽单位对定做单位提供原材料应负保管的责任，按规定质量、时间和数量完成加工品的责任；不得擅自更换定做单位提供原材料的责任；不得把加工品任务转让给第三方的责任；定做单位按时、按质、按量提供原材料的责任；按规定期限付款的责任等。

业务谈判，一般要经过多次反复协商，在双方取得一致意见时，业务谈判即告完成。

（三）材料采购加工的成交形式

材料采购加工业务，经过与供应单位反复酝酿和协商，取得一致意见，达成采购、销售协议，称为成交。

成交的形式有签订合同的订货形式、签发提货单的提货形式和现货现购等。

（1）订货形式

建筑企业与供应单位按双方协商确定材料品种、质量和数量，将成交所确定的有关事项用购销合同形式固定下来，以便双方执行。订购的材料，按合同交货期分批交货。

（2）提货形式

由供应单位签发提货单，建筑企业凭单在指定的仓库或堆栈，在规定期限内提取。提货单有一次签发和分期签发两种，由供需双方在成交时确定。

（3）现货现购

建筑企业派出采购人员到物资门市部、商店，或经营部等单位购买材料，货款付清后，当场取回货物，即“一手付钱、一手取货”，银货两讫的购买形式。

（4）加工形式

加工业务在双方达成协议时，应签订加工合同或定做合同。加工合同是指承揽方根据定做方提出的品名、项目、质量要求，使用定做方提供的原料，为其加工特定的产品，收取一定加工费的协议；定做合同是指承揽方使用自己筹办原料的加工协议。

（四）材料采购和加工业务的执行

材料采购和加工，经供需双方协商达成协议签订合同后，由供方交货，需方收货。交货和收货过程，就是采购和加工的执行阶段。

材料采购和加工的执行主要有以下几个方面：

（1）交货日期

供方应按规定日期交货，需方应按规定日期收（提）货。未按合同规定日期交货或提货，应做未履行合同处理。

（2）材料验收

由建筑企业派人对所采购和加工材料，进行数量、质量验收。

数量验收，对供方所交材料进行检点。如发现数量短缺，应迅速查明原因，向供方提出。材料质量分为外观质量和内在质量，分别按照材料质量标准和验收办法进行验收。发现不符合规定质量要求的，不予验收。如属供方代运或送货的，应妥为保管。在规定期限内向供方提出书面异议。材料数量和质量经验收通过后，应填写材料验收单，报本单位有关部门，表示该批材料已经接收完毕，并验收入库。

（3）材料交货地点

材料交货地点，一般在供应企业仓库、堆场或收料部门事先指定的地点。供需双方应按照成交确定的或合同规定的交货地点进行材料交接。

（4）材料交货方式

材料交货方式，指材料在交货地点的交货方式，有车、船交货方式和场地交货方式。由供方发货的车、船交货方式，应由供应企业负责装车或装船。

（5）材料运输

供需双方应按成交确定的或合同规定的运输办法执行。委托供方代运或由供方送货的，如发生材料错发到货地点或接货单位，应立即向需方提出，按协议规定负责运到规定的到货地点或接货单位，由此而多支付的运杂费用，应由供方承担。如需方填错或临时变更到货地点，由此而多支付的费用，应由需方承担。

（五）材料采购和加工的经济结算

经济结算，是建筑企业对采购的材料用货币偿付给供货单位价款的清算。采购材料的价款称为货款，加工的费用称为加工费。除应付货款和加工费外，还有应付委托供货和加工单位代付的运输费、装卸费、保管费和其他杂费。

货款和费用的结算，应按照中国人民银行结算办法规定办理，其结算方式和具体要求，应在成交或签订合同时具体明确。

结算的具体要求是：

（1）明确结算方式；

（2）明确收、付款凭证；

（3）明确结算单位，如通过当地建材公司向需方结算货款。

建筑企业在核付货款和费用时，应认真审核，其主要内容有：

（1）材料名称、品种、规格和数量是否与实际收料的材料验收单相符；

（2）单价，应按合同规定的价格结算；

（3）委托采购和加工单位代付的运输费用和其他费用，应按照合同规定核付，自交货地点装运到指定目的地的运费，一般应由委托单位负担；

（4）收、付款凭证和手续是否齐全；

（5）总金额经审核无误，才能通知财务部门付款。如发现数量和单价不符、凭证不齐、手续不符等情况，应退回收款单位更正、补齐凭证，补办手续后才能付款，如托收承付结算的，可以采取部分或全部拒付货款。

三、材料采购合同的管理

采取订货方式采购材料，供需双方必须依法签订购销合同。材料采购合同（购销合同）是供需双方为了有偿转让一定数量的材料而明确的双方权利义务关系，依照法律规定而达成的协议。合同依法成立即具有法律效力。

（一）购销合同的含义

购销合同是指物资供需双方，为实现购销业务，明确相互权利义务关系的协议。利用合同保护购销双方的合法利益，督促供销双方履行义务。

（二）签订购销合同的基本要求

（1）符合法律规定

购销合同是一种经济合同，必须符合《中华人民共和国合同法》等法律法规和政策的要求。

（2）主体合法

合同当事人必须符合有关法律规定。当事人应当是法人，有营业执照的个体经营户，合法的代理人等。

（3）内容合法

不得违反国家的政策、法规，损害国家及他人利益，物资经营单位，其购销的物资，不得超过工商行政管理部门核准登记的经营范围。

（4）形式合法

购销合同一般应采用书面形式，由法定代表人或法定代表人授权的代理人签字，并加盖合同专用章或单位公章。

（三）签订材料采购合同的原则

（1）遵守国家法律，符合国家政策的要求，合同具有法律效力，双方权益才受到保护。

（2）本着平等互利，协商一致，等价有偿的原则，双方权利、义务平等。

（四）材料采购合同的签订

经合同双方当事人依法就主要条款协商一致即告成立。签订合同人必须是具有法人资格的企事业单位的法定代表人或由法定代表人委托的代理人。签订合同的程序要经过要约和承诺两个步骤。

（1）要约

合同一方（要约方）当事人向对方（受要约方）明确提出签订材料采购合同的主要条款，以供对方考虑，要约通常用书面或口头形式。

（2）承诺

对方（受要约方）对他方（要约方）的要约表示接受，即承诺。对合同内容完全同意，合同即可签订。

（3）反要约

对方对他方的要约要增减或修改，则不能认为承诺，叫做反要约，经供需双方反复协商取得一致意见，达成协议，合同即告成立。

（五）购销合同主要条款

（1）物资名称

物资名称应署全名，并注明商标、牌号、生产厂家、型号、规格、等级、花色等。

（2）技术标准

检查物资质量的标准，应注明标准的名称、代号、编号。如有特殊要求应写明。

（3）购销数量和计量方法

数量包括总量和分批交货的数量。计量方法按国家规定执行。

（4）包装标准及包装物的供应、回收

包装标准应按国家标准执行，没有规定的由双方协商。并应明确包装物的供应与回收方法。

（5）交货方式与运输方式

交货方式有供方供货、供方代办运输、需方自提等，合同中应明确交货时间、地点。双方还应商定运输路线、运输工具、货运事故处理等。

（6）接（提）货单位或接（提）货人

接（提）货单位或人可以是需方，也可以是代理经办人，但必须填写清楚。

（7）交货期限

交货期限可按日、旬、月、季交货，双方应明确。

（8）验收方法

验收方法包括数量的清点方法和质量的检验方法。如需他人检验，应注明质量检验单位。

（9）价格

合同中应明确计价范围、价格水平等。

(10) 结算方法

按国家有关规定执行。

(11) 违约责任

当事人违约，应明确双方的责任、支付违约金的比例。

(12) 合同纠纷的处理方式。

(13) 其他约定事项。

（六）购销合同的管理

签订材料采购合同，仅仅是落实货源，要使合同实施，还应注意合同的管理工作。

(1) 签订合同的管理

1）必须遵守国家政策、法规，避免签订无效合同。

2）贯彻平等互利、协商一致的原则，为全面、实际履行合同打下基础。

3）合同条款力求准确、清楚，避免遗漏、错误、含糊不清的现象。

(2) 履行合同的管理

1）已签订的合同，应及时分类整理，装订归档，由专人管理。

2）随时检查合同的履行情况，建立合同登记台账，记录应交、已交、欠交、超交的数量和时间，已交材料的检查、验收情况。根据记录分析问题，提出处理意见。

3）对到期、误期合同，应组织催交、催运，追究对方的违约责任。

4）将合同副本或抄件分送有关业务部门，以便做好履行合同的各项工作。

附：购销合同文件格式（购销合同示范文本），以工矿产品购销合同为例。

工矿产品购销合同（GF—90—0102）

供方：________　　　　合同编号：

需方：　　　　　　　　签订地点：

签订时间：　年　月　日

(1) 产品名称、商标、型号、厂家、数量、金额、供货时间及数量

<table>
<tr><th rowspan="2">产品名称</th><th rowspan="2">牌号商标</th><th rowspan="2">规格型号</th><th rowspan="2">生产厂家</th><th rowspan="2">计量单位</th><th rowspan="2">数量</th><th rowspan="2">单价</th><th rowspan="2">金额</th><th colspan="3">交（提）货时间及数量</th></tr>
<tr><th>合计</th><th></th><th></th></tr>
<tr><td></td><td></td><td></td><td></td><td></td><td></td><td></td><td></td><td></td><td></td><td></td></tr>
<tr><td colspan="11">合计人民币金额（大写）__________</td></tr>
</table>

(2) 质量要求及技术标准，供方对质量负责的条件和期限

(3) 交（提）货地点、方式

(4) 运输方式及到达站（港）和费用负担

(5) 合理损耗及计算方法

(6) 包装标准、包装物的供应与回收

(7) 验收标准、方法及提出异议期限

(8) 随机备品、配件工具数量及供应办法

(9) 结算方式及期限

（10）如需提供担保，另立合同担保书，作为本合同附件

（11）违约责任

（12）解决合同纠纷的方式：执行本合同发生争议，由当事人双方协商解决。协商不成，双方同意由仲裁委员会仲裁（当事人双方不在本合同中约定仲裁机构，事后又没有达成书面仲裁协议的，可向人民法院起诉）

（13）其他约定事项

供　　方	需　　方	鉴（公）证意见：
单位名称（章）：	单位名称（章）：	
单位地址：	单位地址：	
法定代表人：	法定代表人：	
委托代理人：	委托代理人：	
电　话：	电　话：	
电报挂号：	电报挂号：	
开户银行：	开户银行：	经办人：
账　号：	账　号：	鉴（公）证机关（章）
邮政编码：	邮政编码：	年　月　日

有效期限：　　年　月　日至　　年　月　日

监制部门：　　　　印制单位：

（七）签订合同应注意的问题

（1）签订合同前，应进行资质审查。查看对方是否具有货物或货款支付能力及信誉情况，避免合同欺诈或签订假合同。

（2）签订合同应使用企事业单位章或合同专用章并有代表（理）人签字、盖章。而不能使用其他业务章。

（3）不能以产品分配单或调拨单等代替合同。重要合同需经工商行政管理部门签证或经公证机关公证。

（4）合同签订的时间和地点都要写在合同内。

（5）企业（法人单位）名称应用全称，即营业执照上的注册名称。当事人双方的地址电话不能写错。

（6）补偿贸易合同必须由供方担保单位实行担保。

四、材料采购资金管理

材料采购过程也是材料占用的企业流动资金的运动过程。材料占用的流动资金运用情况从一个方面决定了企业经济效益的优劣。管好材料采购资金，挖掘资金的潜力，才能获得较好的经济效益。

编制材料采购计划的同时，必须编制相应的资金计划，以确保材料采购任务完成。材料采购资金管理方法，根据企业采购分工不同，资金管理手段不同而有下述几种方法。

（一）品种采购量管理法

品种采购量管理法，适用于分工明确，采购任务量确定的企业或部门，按照每个采购

员的业务分工，分别确定一个时期内其采购材料实物数量指标及相应的资金指标，用于考核其完成情况。对于实行项目自行采购资金的管理和专业材料采购资金的管理，使用这种方法可以有效地控制项目采购支出，管好用好专业用材料。

（二）采购金额管理法

采购金额管理法是确定一定时期内采购总金额和各阶段采购所需资金，采购部门根据资金情况安排采购项目及采购量。对于资金紧张的项目或部门可以合理安排采购任务，按照企业资金总体计划分期采购。综合性采购部门可以采取这种方法。

（三）费用指标管理法

费用指标管理法是确定一定时期内材料采购资金中成本费用指标。如采购成本降低额或降低率，用于考核和控制采购资金使用。鼓励采购人员负责完成采购业务的同时，应注意采购资金使用，降低采购成本，提高经济效益。费用指标管理法适用于分工明确、采购任务量确定的材料采购。

五、材料采购批量的管理

材料采购批量，是指一次采购材料的数量。其数量的确定是以施工生产需用为前提，按计划分批进行采购。采购批量直接影响着采购次数、采购费用、保管费用和资金占用、仓库占用。因此，在某种材料总需用量中每次采购的数量应选择各项费用综合成本最低的批量，也叫经济批量或最优批量。经济批量的确定受多方因素影响，按照所考虑主要因素的不同一般有以下几种方法。

（一）按照商品流通环节最少选择最优批量

向生产厂直接采购，所经过的流通环节最少，价格最低。但有些生产厂的销售往往有最低销售量限制，因此采购批量一般要符合生产厂的最低销售批量。这样既减少了中间流通环节费用，又降低了采购价格，而且还能得到适用的材料，最终降低了采购成本。

（二）按照运输方式选择经济批量

在材料运输中有铁路运输、公路运输、水路运输等不同的运输方式。每种运输中一般又分整车（批）运输和零散（担）运输。在中、长途运输中，铁路运输和水路运输较公路运输价格低、运量大。而在铁路运输和水路运输中，又以整车运输费用较零散运输费用低。因此一般采购应尽量就近采购或达到整车托运的最低限额以降低采购费用。

（三）按照采购费用和保管费用支出最低选择经济批量

材料采购批量越小，材料保管费用支出越低，但采购次数越多，采购费用越高。反之，采购批量越大，保管费用越高，但采购次数越少，采购费用越低。因此采购批量与保管费用成正比例关系，与采购费用成反比例关系。订购批量与费用关系如图 4-1 所示。

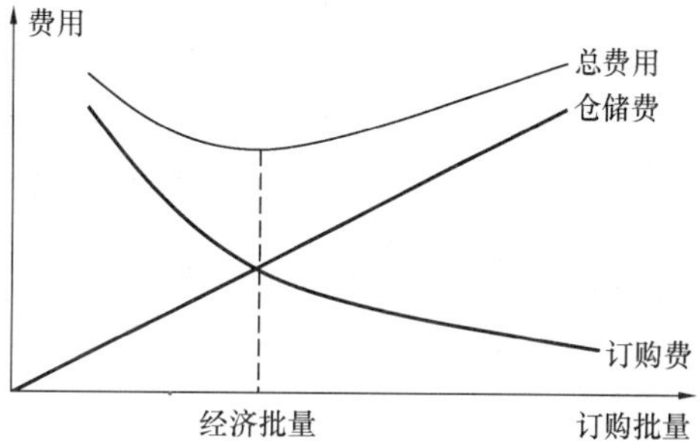

图 4-1　订购批量与费用的关系

某种材料的总需用量中每次采购数量，使其保管费和采购费之和最低，则该批量称为经济批量。当企业某种材料全年耗用量确定的情况下，其采购批量与保管费用及采购费用之间的关系如式（4-1）。

$$年保管费 = \frac{1}{2} \times 采购批量 \times 单位材料年保管费 \quad (4\text{-}1)$$

$$年采购费 = 采购次数 \times 每次采购费用 \quad (4\text{-}2)$$

$$年总费用 = 年保管费 + 年采购费 \quad (4\text{-}3)$$

【例 1】 某企业全年耗用某种材料总量为 180t，每次采购费用是 75 元，年保管费率为材料平均储备价值的 15%，材料单价为 50 元/t，求总费用最低的经济采购批量。

计算最优经济批量，可用试凑法和直接计算法两种方法。

用试凑法计算如下：

解：① 设全年采购 1 次，则每次采购 180t，由公式（4-1）、公式（4-2）计算可得：

$$年保管费 = \frac{1}{2} \times 180 \times 50 \times 15\% = 675（元）$$

$$年采购费 = 1 \times 75 = 75（元）$$

$$年总费用 = 675 + 75 = 750（元）$$

② 设全年采购 3 次，则每次采购：$\frac{180}{3} = 60$（t）

$$年保管费 = \frac{1}{2} \times 60 \times 50 \times 15\% = 225（元）$$

$$年采购费 = 3 \times 75 = 225（元）$$

$$年总费用 = 225 + 225 = 450（元）$$

③ 设全年采购 4 次，则每次采购：$\frac{180}{4} = 45$（t）

$$年保管费 = \frac{1}{2} \times 45 \times 50 \times 15\% = 168.75（元）$$

$$年采购费 = 4 \times 75 = 300（元）$$

$$年总费用 = 168.75 + 300 = 468.75（元）$$

④ 设全年采购 5 次，则每次采购：$\frac{180}{5} = 36$（t）

$$年保管费 = \frac{1}{2} \times 36 \times 50 \times 15\% = 135（元）$$

$$年采购费 = 5 \times 75 = 375（元）$$

$$年总费用 = 135 + 375 = 510（元）$$

上述计算过程可列表，如表 4-1 所示。

表 4-1 材料采购数量及费用表

总需用量/t	采购次数/次	采购量/（t/次）	平均库存/t	保管费用/元	采购费用/元	总费用/元
180	1	180	180/2	675	75	750
180	3	60	60/2	225	225	450
180	4	45	45/2	168.75	300	468.5
180	5	36	36/2	135	375	510

由表 4-1 可见，采购 3 次，每次采购 60t，采购费与保管费之和为 450 元（年保管费用支出为 225 元，采购费用支出为 225 元）最低。因此得出 60t 为该材料的经济采购批量。

另外可知：

平均供应间隔期 = 360 ÷ 每年订购次数

= 360 ÷ 3

= 120（天）

以上过程也可通过以下公式计算（直接计算法）：

$$C_j = \sqrt{\frac{2QC}{PA}} \tag{4-4}$$

式中 C_j——一次采购量，即经济批量；

Q——总采购量；

C——每次采购费用；

P——材料单价；

A——年保管费率（%）。

将例 1 中各种数字直接代入公式（4-3）得：

$$C_j = \sqrt{\frac{2 \times 180 \times 75}{50 \times 15\%}} = 60\ (t)$$

即最优经济批量为 60t，全年宜分 $N = \frac{180}{60} = 3$ 次采购，其保管费用和采购费用支出为：

$$年保管费 = \frac{1}{2} \times 60 \times 50 \times 15\% = 225\ (元)$$

$$年采购费 = 3 \times 75 = 225\ (元)$$

$$年总费用 = 225 + 225 = 450\ (元)$$

$$T_g = 360/N = 360/3 = 120\ (天)$$

在材料采购成本中，包括买价、运杂费、采购保管费等，采购费与采购次数成正比。如果采购总量不变，采购次数随采购批量的增加而减小，故采购费用同采购批量成反比。即减少采购次数，增加采购批量可以节省采购费用。保管费由保管数量所决定，保管数量则随采购批量的增加而增加，故保管费同保管数量成正比。因此，在保管方面应减少保管数量而增加采购次数。从上所述采购费与保管费对采购批量要求是相反的。如何寻求一个恰当的采购批量，使这两种费用的总和最低，这就是经济批量要解决的问题。

应该指出，上述经济采购批量是在一定条件下使用的。

一定条件是指：

（1）材料需用量均衡稳定；

（2）消耗比较均衡；

（3）订购量不受市场限制（资源较丰富，能及时补充库存），能按规定日期供货；

（4）材料单价、运杂费率较稳定；

（5）仓库条件、材料储存期及资金不受限制。

第三节　材料采购方式

一、材料采购方式

（1）合同订购

对于消耗量大，须提前订货的材料，一般先签订购销合同，确定供需关系，保证供应。

（2）自由选购

市场上随时都能购买到的材料，需方可在市场或生产厂家中自由选购。

（3）委托代购

企业采购力量不足，可以委托代理商代购所需材料，并支付一定的代购费。代理商可以代购、代销、代加工、代办运输和调剂物资。

（4）加工订购

加工订购是指企业所需材料市场无货源供应、规格特殊，需要委托外单位按要求加工而获得材料的一种订购方式。包括带料加工、成品改制、加工订货等方式。

（5）联营订货

对于消耗量特别大，需求稳定的材料，可以向生产厂家投资联营，包销部分产品，从而使企业拥有稳定的货源。

（6）租赁

对于工具、用具、周转材料等可与租赁公司签订租赁合同，支付一定租金后取得这些材料的使用权。

二、计划资源的订货

计划资源是指由国家或地方实行指令性计划分配的材料，而且主要是少数重要原材料、燃料等。属于重点企业生产和纳入重点建设项目的材料，一般纳入国家或地方指令性生产计划，实行统一分配。

三、市场采购

市场采购就是从社会材料经销部门、物资贸易中心、材料市场等地购买工程所需的各种材料。

（一）市场采购的特点

（1）材料品种、规格复杂，采购工作量大，配套供应难度大。

（2）市场采购材料由于材料生产分散，经营网点多，质量、价格不统一，采购成本不易控制和比较。

（3）受社会经济状况影响，资源、价格波动较大。

（二）市场采购的程序

（1）根据材料供应计划中确定的供应措施，确定材料采购数量及品种规格

根据各施工项目提报的材料申请计划，期初库存量和期末库存量确定出材料供应量

后，应将该量按供应措施予以分解，而其中分解出的材料采购量即成为确定材料采购数量和品种规格的基本依据。同时再参考资金情况、运输情况及市场情况确定实际采购数量及品种规格。

（2）确定材料采购批量

按照经济批量法，确定材料采购批量，采购次数及各项费用的预计支出。

（3）确定采购时间和进货时间

按照施工进度计划，考虑现场运输、储备能力和加工准备周期，确定进货时间。

（4）选择和比较可供材料的企业或经营部门、确定采购对象

当同一种材料，可供货源较多且价格、质量、服务差异较大时，要进行比较判断。

选择供货单位应遵循以下标准：

1）质量适当：供货单位供应的材质必须符合设计要求，还需供货单位有完整的质量保证体系，保证材质稳定。应注意不能仅依靠样品判定材质，还应从库房中、所供货物中随机抽查。

2）成本低：在质量符合要求的前提下，应选择成本低的供货单位。即从买价、包装、运输、保管费等费用综合分析后选择供货单位。

3）服务质量好：除了质量、价格外，供应单位的服务质量也是一条重要的选择标准。服务质量包括信誉程度、交货情况、售后服务等。

4）其他：如企业的资金能力、供应单位要求的付款方式等。

经验判断和采购成本比较及采购招标等方法：

1）经验判断法是根据专业采购人员的经验和以前掌握的情况进行分析、比较、综合判断，择优选定采购单位。

2）采购成本比较法是当几个采购对象均能满足材料的数量、质量、价格要求时，只在个别因素上有差异，可分别考核采购成本，选择低成本的采购对象。

例如，采购某种材料200t，四个供应部门在数量、质量和供应时间上都能满足要求，但其各种费用情况存在差异，如表4-2所示计算。

3）采购招标法是材料采购管理部门提出材料需用的数量和基本性能指标等招标条件，各供应商根据招标条件进行投标，材料采购部门进行综合比较后进行评标和决标，与最终供货单位签订购销合同。

表4-2　采购成本比较

供应单位	单价（元/t）	运费/（元/t）	每次订购/元	采购成本/元
甲	320	10	210	66 210
乙	330	10	230	68 230
丙	300	20	200	64 200
丁	290	30	240	64 240

由采购成本比较可知，丙部门为最宜采购单位。

（5）按照协商的各项内容，明确供需双方的权利义务，签订材料采购合同。

四、加工订货

材料加工订货是按照施工图纸要求将工程所需的制品、零件及配件委托加工制作，满

足施工生产需求。

（一）金属制品的加工订货

金属制品一般包括成型钢筋和铁件制品两大类。钢筋的加工应按提供的图纸和资料，进行加工成型。材料部门应及时提供所需钢筋，并加强钢筋的加工管理。铁件制品包括预埋铁件、楼梯栏杆、垃圾斗、落水管等。由于加工制品的品种规格较多，容易丢失、漏项而且加工成型的制品零散多样不宜保管，因此金属制品的加工必须按施工部位进度安排加工，并制订详细的加工计划，并逐项与施工图纸核对。

（二）木制品（门窗）的加工订货

木制品中门窗占有一定比例，而门窗有钢质、铝质、塑料和木质等多种。任何门窗都应首先按图纸详细计算各种规格型号的门窗数量，确定准确详细的加工订货数量，并按施工进度安排进场时间。对改形及异形门窗应附加工图，甚至要求加工样品，待认为完全符合加工意图后再进行批量加工订货。

（三）混凝土制品的加工订货

按照施工图纸核实确定混凝土制品的品种数量后，按照施工进度分批加工，避免出现混凝土制品到达现场后出现码放、运输和使用困难。因此要求加工计划准确，加工时间确定，加工质量优良。

五、与建设单位协作采购

建设项目的开发者或建设项目的业主参与采购活动的状况，目前仍占有一定比例。与建设单位协作进行材料采购必须明确分工，划分采购范围及结算方式，并按照施工图预算由施工部门提出其负责采购的材料的具体品种、规格及进场时间，以免造成停工待料。建设单位对工程所提出的特殊材料和设备，应由建设单位与设计部门、施工部门共同协商确定采购、验收、使用及结算事宜，并做好各业务环节的衔接工作。

六、补偿贸易

补偿贸易是指建筑企业与建材生产企业建立的补偿贸易关系。一般由施工企业提供部分或全部资金，用于补偿建材生产企业进行新建、扩建、改建项目或购置机械设备。提供的资金分有偿投资和无偿投资两种。有偿投资分期归还，利息负担通过协商确定。补偿贸易企业生产的建筑材料，可以全部或部分作为补偿产品供应给建筑企业。

补偿贸易方式既可以建立长期稳定、可靠的采购协作基地，又有利于开发新材料、新品种，促进建材生产企业提高产品质量和工艺水平，从而缓解社会供需矛盾。但是补偿贸易应做好可行性调查，落实资金并签订补偿贸易合同，以保证经济关系的合法和稳定。

七、联合开发

建筑企业与材料生产企业可以按照不同材料的生产特点和产品特点进行合资经营、联合生产、产销联合和技术协作，开发更宽的货源渠道，获得较优的材料。

（1）合资经营

合资经营是指建筑企业与材料生产企业共同投资，共同经营管理，共担风险，实行利润分成。这种方式对稳定货源，扩大施工企业经营范围十分有利。

（2）联合生产

联合生产是由建筑企业提供生产技术，将产品的生产过程分解到材料生产企业，所生产的产品由建筑企业负责全部或部分包销。

（3）产销联合

产销联合是指建筑企业与材料生产企业之间对生产和销售的协作联合，一般是由建筑企业实行有计划的包销，这样不仅可以保证材料生产企业专心生产，而且成为建筑企业长期稳定的供应基地。

（4）技术协作

技术协作指企业间有偿转让科技成果、工艺技术、技术咨询、培训人员，以资金或建材产品偿付其劳动支出的合作形式。

八、调剂与协作组织货源

企业之间本着互惠互利的原则，对短缺材料的品种规格进行调剂和串换，以满足临时、急需和特殊用料。

一般通过以下几种形式进行：

（1）全国性的物资调剂会；

（2）地区性的物资调剂会；

（3）系统内的物资串换；

（4）各部门设立积压物资处理门市；

（5）委托商品部门代为处理和销售；

（6）企业间相互调剂、串换及支援。

复 习 思 考 题

1. 基本概念：材料采购、购销合同。
2. 材料采购应遵循哪些原则？
3. 材料采购应收集哪些信息？
4. 简述材料采购和加工订货的主要内容。
5. 简述材料采购合同的主要条款。
6. 某企业在计划年度内，计划平均每天耗用 A 种材料 0.5t，该材料单价 1 600 元/t，平均每次订购费 70 元，年仓储费率 4%，试求经济订购批量、订购周期和订购次数。
7. 设 12 月 31 日实际库存 35t，计划 1 月 8 日进货，试按第 6 题的数据计算 12 月 31 日的订购批量。

第五章 材料供应管理

第一节 材料供应管理概述

材料供应管理指及时、齐备、按质、按量地为施工生产提供材料的经济管理活动。材料供应管理是保证施工生产顺利进行的重要环节。

一、材料供应管理的特点

建筑企业的独特生产和经营方式决定了材料供应管理的特点。

（1）建筑产品的固定性，施工生产的流动性，决定材料供应管理必须随施工生产转移，形成了材料供应管理的特异性。

（2）建筑产品体形庞大，材料需用量大、品种规格多、运输量大，形成了材料供应管理的复杂性。

（3）建筑工程由多个分部分项工程组成，各有其生产特点和材料需求特点，形成材料需求的多样性。

（4）材料供应受社会经济状况影响较大。

（5）材料供应受季节影响大。

（6）施工中的可变因素多，材料供应须有较强的应变能力。

（7）对材料质量要求高，对材料供应工作要求也高。

二、材料供应管理应遵循的原则

（1）必须从“有利于生产，方便施工”的原则出发，建立健全材料供应制度和方法。

（2）必须遵循“统筹兼顾、综合平衡、保证重点、兼顾一般”的原则。

（3）加强横向经济联合，合理组织货源，提高物资配套供应能力。

（4）坚持勤俭节约，充分发挥材料效用，创造最大的经济效益。

三、材料供应管理的内容

（一）编制材料供应计划

编制材料计划时应实事求是，积极可靠，统筹兼顾。

（二）材料供应计划的实施

材料供应计划确定以后，就要对外分渠道落实货源，对内组织计划供应（即定额供料）来保证计划的实现。在计划执行过程中，影响计划的执行有多种因素，会出现许多不平衡的现象。因此，还要注意在落实计划中组织平衡调度，其方式主要有以下几类：

（1）会议平衡

月度或季度供应计划编制后，供应部门或供应机构召开材料平衡会议，由供应部门向用料单位说明计划期材料到货和各单位需用的总情况，同时说明施工进度及工程性质，结合内外资源，分轻重缓急。在保竣工扫尾、保重点工程的原则下，先重点、后一般，最后具体宣布对各单位的材料供应量，平衡会议一般自上而下召开，逐级平衡。

（2）重点工程专项平衡

对列为重点工程的项目，由公司主持召开会议，专项研究组织落实计划，拟订措施，切实保证重点工程的顺利进行。

（3）巡回平衡

为协助各单位工程解决供需矛盾，一般在季（月）度供应计划的基础上，组织服务队定期到各施工点巡回服务，切实掌握第一手资料来搞好计划落实工作，确保施工任务的完成。

（4）与建设单位协作配合搞好平衡

属建设单位供应的材料，建筑企业应主动积极地与建设单位交流供需信息，互通有无，避免脱节而影响施工。

（三）材料供应情况的分析和考核

对供应计划的执行情况进行经常的检查分析，发现执行过程中的问题，采取对策，保证计划实现。检查的方法主要有经常检查和定期检查两种。

经常检查，即在计划执行期间，随时对计划进行检查，发现问题，及时纠正。定期检查如月度、季度和年度检查。

（1）材料供应计划完成情况的分析

将某种材料或某类材料实际供应数量与计划供应数量进行比较，可考核某种或某类材料计划完成程度和完成效果。其计算公式为：

$$\text{某种(类)材料供应计划完成率}(\%)=\frac{\text{某种(类)材料实际供应数量(金额)}}{\text{该种(类)材料计划供应数量(金额)}}\times 100\%$$

考核某种材料供应计划完成情况时，其实物量计量单位一致，可用实物数量指标；当考核某类材料供应计划完成情况时，其实物量计量单位有差异时，应使用金额指标。

考核材料供应计划完成率，是从整体上考核材料供应完成情况，而具体品种规格，特别是对未完成材料供应计划的材料品种，对其进行品种配套供应考核是十分必要的。

$$\text{材料供应品种配套率}(\%)=\frac{\text{实际满足供应的品种数}}{\text{计划供应品种数}}\times 100\%$$

【例1】 某分公司第三季度地方材料供应计划完成情况，见表5-1。

表5-1 材料供应计划完成情况

材料名称及规格	计量单位	计划供应量	实际进货量	计划完成/%
砖	千块	1 300	1 000	76.9
黏土瓦	千匹	400	500	125.0
石 灰	t	4 500	4 000	88.9
细 沙	m^3	3 000	4 000	133.3
石 子	m^3	3 500	5 000	142.9
其中：				
0.5～1.5	m^3	1 200	1 100	91.7
3～7	m^3	300	500	166.7

从表 5-1 可以看出：

1）砖实际完成计划的 76.9%，与原计划供应量差距颇大。砖目前仍是土建结构工程的主要材料，如果缺乏足够的储备，势必影响施工生产计划的完成。

2）石灰只完成计划的 88.9%。石灰在主体工程和装饰工程都是必需的材料，完不成供应计划，必将影响主体和收尾工程的完成。

3）石子总量实际完成计划的 142.9%，超额颇多。但是，其中 0.5～1.5 的石子只完成计划的 91.7%，供应不足，混凝土构件的浇灌将受到影响。

4）从品种配套情况看，6 种材料就有 3 种没有完成供应计划，配套率只有 50.0%。

这样的配套不但影响施工的进行，而且使已进场的其他地方材料形成呆滞，影响资金的周转使用。要认真查找完不成计划的因素，采取相应措施，力争按计划配套供应。

$$品种配套率（\%）=\frac{实际满足供应品种数}{计划满足供应品种数}\times 100\% =3/6\times 100\% =50.0\%$$

（2）对材料供应的及时性分析

在检查考核材料收入总量计划的执行情况时，还会遇到收入总量的计划完成情况较好，但实际上施工现场却发生停工待料的现象。即收入总量充分，但供应时间不及时，也同样会影响施工生产的正常进行。

分析考核材料供应及时性，要把时间、数量、平均每天需用量和期初库存等资料联系起来考察。例如表 5-2 中 42.5（P.O）水泥完成情况为 110%，从总量上看满足了施工生产的需要，但从时间上看，供料很不及时，几乎大部分水泥的供应时间集中在月中、月末，影响了上半月施工生产的顺利进行。

表 5-2 某单位 8 月份 42.5（P.O）水泥供应及时性考核 单位：kg

进货批数	计划需用量		其库月存初量	计划收入		实际收入		完成计划/%	对生产保证程度		延误	
	本月	平均每日用量		日期	数量	日期	数量		按日数计	按数量计	时间	数量
	39 000	1 500	3 000						2	3 000		
第一批				1	8 000	5	4 500		3	4 500	4	3 500
第二批				7	8 000	14	10 500		7	10 500	7	
第三批				13	8 000	19	12 000		8	12 000	6	
第四批				19	8 000	27	15 900		3	4 500	8	
第五批				25	7 000							
总 计	39 000						42 900	110	23	34 500		

注：在计算全月工作天数时，一般以当月的日历天数扣除星期日休假天数进行计算，8 月份日历天数为 31 天，设 8 月 2 日为星期天，则全月共占 10 个休假日。

（3）对供应材料的消耗情况进行分析

按照施工生产验收的工程量，考核材料供应量是否全部消耗，分析所供材料是否适用，用于指导下一步材料供应并处理好遗留问题。

$$实际材料剩余量=实际供应量-实际消耗量$$

其中实际供应量是材料供应部门按项目申请计划所确定的数量而供应项目的数量；实际消耗量是根据班组领料、退料、剩料和验收完成的工程量统计的材料数量。

第二节 材料供应方式

材料供应方式是指材料由生产企业向需用单位流通过程中所采取的方式。不同的材料供应方式对企业材料储备、使用和资金占用都有着一定的影响。

一、材料的流通过程

材料流通过程的环节各不相同，材料供应方式有直达供应和中转供应两种。这两种方式相辅相成，采取何种方式，应根据当时当地的实际情况而定。

（一）直达供应方式

直达供应方式指由材料生产企业直接供给需用单位材料，而不经过第三者。这种供应方式减少了中间环节，缩短了材料流通时间，减少了材料的装卸、搬运次数，节省了人力、物力和财力支出，因此降低了材料流通费用和材料途中损耗，加速了材料周转和材料资金周转。

（二）中转供应方式

中转供应方式指生产企业供给需用单位材料时，由第三者衔接。

中转供应由于通过第三者与生产企业和需用单位联系，可以减少材料生产企业的销售工作量，同时也可以减少需用单位的订购工作量。使生产企业把精力集中于搞好生产。这种方式适用于消耗量小，通用性强，品种规格复杂，需求可变性较大的材料。如建筑企业常用的小五金、辅助材料、工具等。它虽然增加了流通环节，但从保证配套、提高采购工作效率和就地、就近采购看，这是一种不可缺少的材料供应方式。

但是，中转供应也同样有它的局限性和缺陷，直达供应中的优点，中转供应就无法做到，因此中转供应也有一定的适用范围。

二、影响供应方式选择的因素

选择合理的供应方式，目的在于实现材料流通的合理化。选择合理的供应方式能使材料用最短的流通时间、最少的费用投入使用，加速材料和资金周转，加快生产过程。选择供应方式时，主要应考虑的因素有以下几个方面：

（1）需用单位的生产规模

生产规模大，需用同种材料数量也大，适宜直达供应；生产规模小，需要同种材料数量相对也少，适宜中转供应。

（2）需用单位生产特点

生产的阶段性和周期性往往产生阶段性和周期性的材料需用量较大，此时宜采取直达供应，反之可采取中转供应。

（3）材料的特性

专用材料，使用范围狭窄，以直达供应为宜；通用材料，使用范围广，当需用量不大时，以中转供应为宜。体大笨重的材料，如钢材、水泥、木材、煤炭等，以直达供应为宜；不宜多次装卸、搬运、储存条件要求较高的材料，如玻璃、化工原料等，宜采取直达供应；品种规格多，需求量不大的材料，如辅助材料、工具等宜采用中转供应。

（4）运输条件

运输条件的好坏，直接关系材料流通时间长短和费用多少。一次发货量不够整车的，一般不宜采用直达供应而采用中转供应较好。需用单位离铁路线较近或有铁路专用线和装卸机械设备等，宜采用直达供应。需用单位如果远离铁路线，不同运输方式的联运业务又未广泛推行的情况下，则宜采用中转供应方式。

（5）供销机构的情况

材料供销网点比较广泛和健全，离需用单位较近，库存材料的品种、规格比较齐全，能满足需用单位要求，服务比较周到，中转供应比重就会增加。

（6）材料生产企业的订货限额和发货限额

订货限额是生产企业接受订货的最低数量，如钢厂的订货限额多以换辊定额为基础来制定，同时考虑使用情况，对一般规格的普通钢材，订货限额较高，对优质钢材和特殊规格钢材，一般用量较小，订货限额也较低。发货限额通常是以一个整车装载量为标准，采用集装箱时，则以一个集装箱的装载量为标准。某些普遍用量较小的材料和不便中转供应的材料，如危险材料、腐蚀性材料等，其发货限额可低于上述标准。订货限额和发货限额订得过高，会影响直达供应的比重。

三、材料供应方式

按照供应单位在建筑施工中的地位不同，材料供应方式有甲方供应方式、乙方供应方式，甲、乙双方联合供应方式和物资企业供应方式。

（一）建设单位组织供应

建设单位组织供应，即建设单位按照建筑工程施工图预算的材料用量及施工单位有关材料品种、规格，使用时间的计划，将全部材料供应到施工现场供施工单位验收。凡使用过程中造成的损失和浪费，由施工单位负责。

（二）建筑企业供料

建筑企业供料，指由建筑企业组织全部材料的供应，有利于建筑企业对材料统一管理，统一核算，降低材料成本。

（三）建设单位和建筑企业分别供应

建设单位和建筑企业签订工程承包合同时，签订材料供应分工协议，明确双方在材料供应中应承担的责任和拥有的权利。施工过程中，双方按照协议明确的分工范围，分别组织材料的供应。建设项目开发部门或建设项目业主，根据分工确定的材料采购供应范围，实施材料供应的方式。由于是甲乙双方联合完成一个项目的材料供应，因此在项目开工前必须就材料供应中具体问题作明确分工，并签订材料供应合同。在合同中应明确以下内容：

（1）供应范围：包括项目施工用主要材料、辅助材料、装饰材料、水电材料、专用设备、各种制品、周转材料、工具用具等的分工范围。应明确具体的材料品种甚至规格。

（2）供应材料的交接方式：包括材料的验收、领用、发放、保管及运输方式和分工及责任划分，材料供应中可能出现问题的处理方法和程序。

（3）材料采购、供应、保管、运输、取费及有关费用的计取方式：包括采购保管费的计取、结算方法，成本核算方法，运输费的承担方式，现场二次搬运费、装卸费、试验费及其他费用。材料采购中价差核算方法及补偿方式。

（4）材料供应中可能出现的其他问题：如质量、价格认证及责任分工，材料供应对工期的影响等因素均应阐明要求，以促进双方的配合和协作。

甲、乙双方联合供应方式，在目前是一种较普遍的供应方式。这种方式一方面可以充分利用甲方的资金优势、采购渠道优势，又能使施工企业发挥其主动性和灵活性，提高投资效益。但这种方式易出现采购供应中必然发生的交叉因素所带来的责任不清，因此必须有有效的材料供应合同作保证。

甲、乙双方联合供应方式，一般以甲方负责主要材料、装饰材料和设备供应，乙方负责其他材料的分工形式为多。也有所有材料以甲方或乙方为主，另一方为辅的分工形式。无论哪种方式都必定与资金、储备、运输的分工及其利益发生关系。因此，建筑企业在进行材料分工的谈判前，必须确定材料供应必保目标和争取目标，为建设项目的顺利施工和完成打下基础。

（四）物资企业供应

物资企业供应，是将材料供应业务发包给材料公司，由材料公司负责全部材料的供应工作。

四、材料供应的数量管理

材料供应数量的管理方法有限额供应、敞开供应两种方式。

（一）限额供应

限额供应，也称定额供应，就是根据计划期内施工生产任务和材料消耗定额及技术节约措施等因素，确定的供应材料数量标准。材料部门以此作为供应的限制数量，施工操作部门在限额内使用材料。

限额供应可以分定期和不定期两种，既可按旬、按月、按季限额，也可按部位、按分项工程限额，而不论其限额时间长短、限额数量可以一次供应就位，也可分批供应，但供应累计总量不得超过限额数量。限额的限制方法可以采取凭票、凭证方法，按时间或部位分别计账，分别核算。凡在施工中材料耗用已达到限额而未完成相应工程量，需超限额使用时，必须经过申请和批准，并记入超耗账目。

（二）敞开供应

根据资源和需求供应，对供应数量不作限制，不下指标，材料耗用部门随用随要供应的方法即为敞开供应。

这种方式对施工生产部门来说灵活方便，减少现场材料管理的工作量，而使施工部门集中精力搞生产。但实行这种供应方式的材料，必须是资源比较丰富，材料采购供应效率高，而且供应部门必须保持适量的库存。敞开供应容易造成用料失控，材料利用率下降，从而加大成本。故这种供应方式，通常用于抢险工程、突击性建设工程的材料需用。

五、材料的领用方式

按照材料供应中实物到达方式不同，分为领料供应方式和送料供应方式。

（一）领料供应方式

领料供应方式也称提料方式，是由施工生产用料部门根据供应部门开出的提料单或领料单，在规定的期限内到指定的仓库（堆栈）提（领）取材料。提（取）材料过程的运输由用料单位自行办理。

（二）送料供应方式

送料供应方式，是由材料供应部门根据用料单位的申请计划，负责组织运输，将材料直接送到用料单位指定地点。送料供应方式要求材料供应部门做到供货数量、品种、质量必须与生产需要相一致，送货时间必须与施工生产进度相协调。送货的间隔期必须与生产进度的延续性相平衡。

六、材料供应的责任制和承包制

材料供应管理关系到建设项目管理。材料供应管理水平必然影响到项目管理水平，因此在材料供应管理中，必须采取实用有效的措施提高管理水平。

（一）面向建设项目，开展材料供应优质服务

材料供应部门对施工生产用料实行“三包”和“三保”。“三包”即包供应、包退换、包回收。“三保”即保质、保量、保进度。

（二）实行材料供应承包制

供应承包，是建筑企业在工程投标时，由材料供应机构根据投标项目的要求和市场行情报价，作为报价的依据，中标后，由材料供应机构包价供料，承担价格变动的风险。

材料供应承包制，可以是工程项目材料供应承包，也可以是分部或分项工程材料供应承包，还可以是某类材料供应承包。

第三节　材料定额供应方法

定额供应、包干使用，是在实行限额领料基础上，通过建立经济责任制，签订材料定包合同，达到合理使用材料，提高经济效益的目的。限额领料，指施工时必须将材料的消耗量控制在消耗定额之内。

一、限额领料的形式

（一）按分项工程限额领料

按分项工程限额领料，指按工程进度限额。以班组为对象，限额领料。

（二）按工程部位限额领料

按工程部位限额领料，指按基础、结构、装饰等施工阶段，以混合队为对象进行限额。它是扩大了的分项工程限额领料。

（三）按单位工程限额领料

按单位工程限额领料，指一个工程从开工到竣工的用料实行限额。它是工程部位限额领料的扩大，适用于工期不太长的工程。

二、限额领料数量的确定

（一）限额数量的确定依据

（1）正确的工程量是确定材料限额的基础。

（2）定额的正确选用是计算材料限额的标准。

（3）凡实行技术措施的项目，一律采用节约措施规定的单方用料量。

（二）实行限额领料应具备的技术条件

（1）施工组织设计

施工组织设计是组织施工的总则，协调人力、物力、妥善搭配、根据施工的组织设计，划分流水段，搭接工序、操作工艺以及现场平面布置图和节约措施用于组织管理。

（2）施工预算

施工预算，是根据施工图计算的分项工程量及施工定额计算来反映为完成一个单位工程所需费用的经济文件，见表5-3。

表5-3　施工预算工程量人工材料分析表

工程名称：　　　　年　月　日　　　　　　　　　　　　　　　　　第　页　共　页

定额编号	工程项目	单位	数量	其中分层	劳动定额			材料分析					
					编号	时间定额	合计工日	( )	( )	( )	( )	( )	( )

1）工程量：按施工图和施工定额的口径规定计算的分项、分层、分段工程量。

2）人工数量：根据分项、分层、分段工程量及时间定额，计算出用工量，最后计算出单位工程的总用工数和人工数。

3）材料限额耗用数量：根据分项、分层、分段工程量及施工定额中的材料消耗数量，计算出分项、分层、分段的材料需用量，然后汇总成为单位工程材料用量，并计算出单位工程材料费。

（3）班组作业计划

班组作业计划，也叫队组任务书，它主要反映施工班组在计划期内所施工的工程项目、工程量及工程进度要求，是企业按照施工预算和施工作业计划，把生产任务具体落实到班组的一种形式，见表5-4。

表5-4　班组作业计划

单位：________

工程名称：________　　年　月　　　编号：　　　　　　　　　　下达日期：　月　日

班　　组：________　　　　　　　　　　　　　　　　　　　　　验收日期：　月　日

施工定额编号	工程部位及项目	计量单位	计划				实际				材料名称												
											规格												
											单位												
			工程量	每工产量	时间定额	定额用工	工程量	定额工日	实际用工	达到定额/%	配合比	单方	数量		单方	数量		单方	数量		单方	数量	
													计划	实际		计划	实际		计划	实际		计划	实际

用工记录																						
	日期	1	2	3	4	5	6	7	8	9	10	11	12	13	14	15	16	原因分析				
	工数																					
	日期	17	18	19	20	21	22	23	24	25	26	27	28	29	30	31	合计	实际耗用量				
	工数																	节(+)超(-)				

计划员：　　预算员：　　劳动定额员：　　工长：　　材料定额员：　　材料员：　　成本员：

（4）技术节约措施

企业内部定额的材料消耗标准，是在一般的施工方法、技术条件下确定的，为了降低材料消耗，保证工程质量，必须采取技术节约措施，才能达到节约材料的目的。

（5）混凝土及砂浆的试配资料

定额中混凝土及砂浆的消耗标准是在标准的材质下确定的，而实际采用的材质往往与标准距离较大，为保证工程质量，必须根据进场的实际材料进行试配和试验。因此，计算混凝土及砂浆的定额用料数量，要根据试配合格后的用料消耗标准计算，见表5-5、表5-6。

表5-5　混凝土配合比申请单　　编号：________

委托单位：________　工程名称：________　施工部位：________

设计的强度等级：______　申请强度等级：______　坍落度要求：______

其他要求：________________________

搅拌方法：______　振捣方法：________　养护方法：______

水泥品种及标号：_____　厂别及牌号：_____　进场日期：____试验编号：____

砂子产地及品种：_____　细度模数：______　含泥量：_____　试验编号：____

石子产地及品种：_____　最大粒径：______　含泥量：_____　试验编号：____

其他材料：________________________

掺合料名称及掺量：____________　外加剂名称及掺量：________

申请日期：_____　使用日期：_____　申请负责人：____　联系电话：____

混凝土配合比通知单

标号	·水灰比	砂率/%	水泥/kg	水/kg	砂/m^3	石/m^3	掺合料	配合比	试配编号

备注：

负责人：_____　审核：_____　计算：_____　试验：_____

表5-6　砂浆配合比申请表　　试验编号：_____

委托单位：_____　工程名称：_____　电　　话：_____

砂浆种类：_____　等　　级：_____　施工部位：_____

水泥品种及标号：_____　厂　　别：_____　进场日期：_____　试验编号：_____

砂子产地：_____　细度模数：_____　含泥量：_____　试验编号：_____

掺合料种类：_____　申请日期：_____　使用日期：_____　申请人：_____

砂浆配合比通知单

标号	配合比					每立方米砂浆的用量/（kg、m^3）				
	水泥	白灰膏	砂子	掺合料	外加剂	水泥	白灰膏	砂子	掺合料	外加剂

提要：砂浆稠度为7～10cm，白灰膏沉入度为12cm。

负责人：_____　审核：_____　计算：_____　试验：_____

报告日期：　　年　　月　　日

(6）有关的技术翻样资料

主要指门窗、五金、油漆、钢筋、铁件等。其中五金、油漆在施工定额中没有明确的式样、颜色和规格，这些问题需要和建设单位协商，根据图纸和当时的资料来确定。门窗也可根据图纸、资料，按有关的标准图集提出加工单。钢筋根据图纸和施工工艺的要求由技术部门提供加工单。所以，资料和技术翻样是确定限额领料的依据之一，见表5-7、表5-8、表5-9。

表5-7　加工申请表

施工单位：________　　年　月　日　　第　页　共　页

工程名称：________

图集代号	产品名称	型号规格	单位	合计数量	分层数量								备注
					基础	一层	二层	三层	四层	五层	六层	七层	

申请单位：　　经办人：　　电话：　　制表：　　电话：

表5-8　钢筋配料单

施工单位：________　　年　月　日　　第　页　共　页

工程名称：________

编号	规格/mm	间距/cm	钢筋形状/cm	断料长度/cm	每件根数	总根数	总长/m	总重/kg	备注

审核：　　翻样：

表5-9　铁件加工单

施工单位：________

工程名称：________　　编号：______

编号	名称	单位	数量	说明	编号	名称	单位	数量	说明

附图：

审核：　　制表：　　年　月　日

(7）补充定额

材料消耗定额的制定过程中可能存在遗漏，也有随着新工艺、新材料、新的管理方法的采用，原制定的定额不适用，因此使用中需要进行适当的修订和补充。

三、限额领料的程序

（一）限额领料单的签发

限额领料单的签发，由计划统计部门按施工预算的分部分项工程项目和工程量，负责编制班组作业计划，劳动定额员计算用工数量，材料定额员按照企业现行内部定额，扣除技术节约措施的节约量，计算限额用料数量，见表5-4，并注明用料要求及注意事项。

在签发过程中，要注意的问题是定额要选用准确，对于采取技术节约措施的项目应按实验室通知单上所列配合比单方用量加损耗签发，见表5-5、表5-6。另外，装饰工程中如采用新型材料，定额中没有的项目一般采用的方法有：参照新材料的有关说明书，协同有关部门进行实际测定，套用相应项目的预算。

（二）限额领料单的下达

限额领料单一般一式五份，一份交计划员作存根；一份交材料保管员作发料凭证；一份交劳资部门；一份交材料定额员；一份交班组作为领料依据。限额领料单要注明质量等部门提出的要求，由工长向班组下达和交底，对于用量大的领料单应进行口头或书面交底。

用量大的领料单，一般指分部位承包下达的混合队领料单，如结构工程既有混凝土，又有砌砖及钢筋支模等，应根据月度工程进度，做出分层次分项目的材料用量，这样才便于控制用料及核算，起到限额用料的作用。

（三）限额领料单的检查

在限额领料方法应用过程中，会有许多因素影响班组用料。定额员要深入现场调查研究，会同有关人员从多方面检查，对发现的问题帮助班组解决，使班组正确执行定额用料，落实节约措施，做到合理使用。

检查的主要内容有：

（1）查项

检查班组是否按照用料单上的项目进行施工，是否存在串料项目。在定额用料中，对班组经常进行检查和落实，检查主要从五个方面进行：查设计变更的项目有无发生变化；查用料单所包括的施工是否做，是否甩，是否做齐；查项目包括的工作内容是否都做完了；查班组是否做限额领料单以外的施工项目；查班组是否有串料项目。

（2）查量

检查班组已验收的工程项目的工程量是否和用料单上所下达的工程量一致。

（3）查操作

检查班组在施工中是否严格按照规定的技术操作规范施工。

（4）查措施的执行

检查班组在施工中节约措施的执行情况。

（5）查活完脚下清

检查班组在施工项目完成后材料是否做到剩余材料及时清理，用料有无浪费现象。材料超耗的因素是操作时落地材料过多，为避免材料浪费可以采取以下措施：尽量减少材料落地，对落地材料要及时清理，有条件的要随用随清，材料不能随用的集中分拣后再利用。

材料员要协助促使班组计划用料，做到砂浆不过夜，灰槽不剩灰，半砖砌上墙，大堆材料清底使用，砂浆随用随清，运料车严密不漏，装车不要过高，运输道路保持平整，筛漏集中堆放，后台保持清洁，刷罐灰尽量利用，通过对活完脚下清的检查，达到现场废物利用和节约材料的目的。

（四）限额领料单的验收

班组完成任务后，应由工长组织有关人员进行验收，工程量由工长验收签字、统计，预算部门把关，审核工程量，工程质量由技术质量部门验收，并在任务书签署检查意见，用料情况由材料部门签署意见，验收合格后办理退料手续，见表5-10。

（五）限额领料单的结算

班组长将验收件合格的任务书送交定额员结算。材料定额员根据验收的工程量和质量部门签署的意见，计算班组实际应用量和实际耗用量结算盈亏，最后根据已结算的定额用料单分别登入班组用料台账，按月公布班组用料节超情况，并作为评比和奖励的依据，见表5-11。

表5-10　限额领料验收记录

项　　目	施工队五定	班组五保	验收意见
工期要求			
质量标准			
安全措施			
节约措施			
协　　作			

表5-11　分部分项工程材料承包结算表

<table>
<tr><td>单位名称</td><td></td><td>工程名称</td><td></td><td>承包项目</td><td></td></tr>
<tr><td>材料名称</td><td colspan="5"></td></tr>
<tr><td>设计预算用量</td><td colspan="5"></td></tr>
<tr><td>发 包 量</td><td colspan="5"></td></tr>
<tr><td>实 耗 量</td><td colspan="5"></td></tr>
<tr><td>实耗与设计预算比</td><td colspan="5"></td></tr>
<tr><td>实耗与发包量比</td><td colspan="5"></td></tr>
<tr><td>节超价值</td><td colspan="5"></td></tr>
<tr><td>提 供 率</td><td colspan="5"></td></tr>
<tr><td>提 奖 率</td><td colspan="5"></td></tr>
<tr><td colspan="3">主管领导审批意见</td><td colspan="3">材料部门审批意见</td></tr>
<tr><td colspan="3">（盖章）　　年　　月　　日</td><td colspan="3">（盖章）　　年　　月　　日</td></tr>
</table>

在结算中应注意以下几个问题：

（1）班组任务书如个别项目由某种原因由工长或计划员进行更改，原项目未做或完成一部分而又增加了新项目，这就需要重新签发用料单后与实耗对比。

（2）由于上道工序造成下道工序用料超过常规，应按实际验收的工程量计算用量。如抹灰工程中班组施工的某一项目，墙面抹灰，定额标准厚度是2cm，但由于上道工序造成墙面不平整增加了抹灰厚度，应按工长实际验收的厚度换算单方用量后再进行结算。

（3）要求结算的任务书，材料耗用量与班组领料单实际耗用量及结算数字要对口。

（六）限额领料单的分析

根据班组任务结算的盈亏数量，进行节超分析，主要是根据定额的执行情况，搞清材料节约和浪费的原因，目的是揭露矛盾、堵塞漏洞，总结交流节约经验，促使进一步降低材料消耗，降低工程成本，并为今后修订和补充定额，提供可靠资料。

四、限额领料的核算

核算的目的是考核该工程的材料消耗，是否控制在施工定额以内，同时也为成本核算提供必要的数据及情况。

（1）根据预算部门提供的材料分析，作出主要材料分部位的两项对比。

（2）要建立班组用料台账，定期向有关部门提供评比奖励依据。

（3）建立单位工程耗料台账，按月登记各工程材料耗用情况，竣工后汇总，并以单位工程报告形式作出结算，作为现场用料节约奖励，超耗罚款的依据。

复习思考题

1. 基本概念：材料供应管理、材料供应方式、限额供应、限额领料。
2. 材料供应管理有何特点？
3. 简述材料供应管理的主要内容。
4. 材料供应有哪几种方式？
5. 简述限额领料的形式、数量的确定、程序。

第六章　材料运输管理

第一节　材料运输管理概述

建筑企业的材料供应，是通过材料采购、运输、储备和供应四个环节来实现的，以满足施工用料的需要。而采购、储备又是通过运输来完成。有了资源，没有运输，供应就无法实现，建筑工程就要停工待料，材料运输在材料供应活动中是不可缺少的，它对于保证施工顺利进行，起着重要的作用。

一、材料运输管理的作用

材料运输管理，是对材料运输过程运用计划、组织、指挥和调节等职能进行管理，使材料运输合理化。其重要作用主要表现在以下几个方面：

（1）加强材料运输管理，是保证材料供应，促使施工顺利进行的先决条件。

（2）加强材料运输管理，合理组织运输，可以缩短材料运输里程，减少材料在途时间，加快材料运输速度和周转速度，提高材料的使用效能。

（3）加强材料运输管理，合理选用运输方式，充分合理地使用运输工具，可以节省运力，减少运输损耗，提高运输经济效益。

二、材料运输管理的任务

材料运输管理的基本任务是：根据经济规律和合理运输材料的基本原则，运用计划、组织、指挥、监督和调节材料运输过程，争取以较短的里程、较低的费用、较短的时间、安全的措施，完成材料在空间的转移，保证工程需要。为实现这个任务，必须做到以下几点：

（1）贯彻及时、准确、安全、经济的原则组织运输。

（2）加强材料运输的计划管理，做好货源、流向、运输路线、现场道路、堆放场地等的调查和布置工作。

（3）建立和健全以岗位责任制为中心的运输管理制度，明确运输工作人员的职责范围，加强经济核算，不断提高材料运输管理水平。

三、材料运输方式

（一）按运输工具分

（1）铁路运输

铁路运输是长距离运输的主要方式。其货运能力大，运输速度快，运费较低，不受季节影响，连续性强，运行较安全、准时，始发和到达的作业费较高，有整车运输和零担运输两种方式。

铁路是现代化的交通运输工具。货车按产权可分为铁路货车和企业自备车两种。我国铁路上运用的货车类型较多，主要有棚车、敞车、煤车、平车、砂石车、罐车和冷藏车等，其基本符号和主要用途如表6-1所示。

表6-1　铁路货车主要类型和基本符号表

主要类型		基本符号	主　要　用　途
棚车	棚　车	P	装运较贵重和不能受潮的货物，如水泥
	通风车	F	装运蔬菜、鲜水果等货物
敞车	敞　车	C	装运一般货物如砂石、石、木、生铁、钢材
	煤　车	M	装运煤炭
	矿石车	K	装运矿石
平　车		N	装运钢轨、汽车、大型机械设备和长大货物
罐　车		G	装运液体货物
冷藏车		B	装运保持一定温度的货物
砂石车		A	装运砂石
其他	长大货物车	D	装运长大货物
	散装水泥车	K_{15}	装运散装水泥
	毒品车	PD	毒品专用车
守　车		S	供货运列车长和有关人员办公用

铁路货车标记都涂在车辆外侧明显的地方，一般常见的货车标记有：

1）路徽。

2）车号：在货车基本记号和辅助记号后，还有货车号码，在车体的两侧，如 P_{13} 601515，“P”代表车种，“13”代表车皮结构，“601515”代表货车号码。

3）承重标志：按照货车各部分结构强度而确定的货车装载货物最大装载重量，以“t”为单位。

装载整车散装建筑材料的重量，均按货车的载重标记的载重量装载。

4）容积：货车主体内的容积，是以长度（m）×宽度（m）×高度（m）来表示。如 C_{60} 敞车，载重标记60t，容积标记是13m×2.8m×2m。

装运整车散装建筑材料时，货车的长度和宽度都是按货车标记计算，装载高度按发运和到达的实际装载高度测定，凭此计算该货车的材料装载体积和装载重量。

5）自重：货车的自身重量，以“t”表示。

6）特殊标记：铁路车站是铁路运输的基本生产单位，按照其工作性质，有编组站、区段站、客运站和货运站。货运站设置货运室、受理货物的托运、装卸和交付运输等铁路运输业务。

铁路货物运输种类分为整车、零担、集装箱运输三种。它是根据托运货物的性质、数量、体积和运输条件等确定的。整车货物运输是指一批货物的重量或体积需使用一辆30t以上货车运输的，或虽不能装满一辆货车，但由于货物的性质、形状和运输条件等情况，按照铁路规定必须单独使用一辆货车装运的。零担货物运输指一批货物的重量、体积、形状和运输条件等不够整车运输条件的，可以与其他货物配装在同一辆货车内。集装箱运输是指货物放置在集装箱内进行运输。

铁路运输必须按照一个单位货物（即“一批”）办理货物的托运、承运、装车、提货和计算货物的运杂费。整车货物运输，每车为一批；跨装、爬车和使用游车运输的货物，每一车组为一批。零担货物和集装箱货物运输，以每张运单为一批。集装箱运输的货物，每批必须是同一箱型，每批至少一箱，最多不超过一辆货车所能装运的集装箱数。

（2）公路运输

公路是连接城市与城市、城市与乡镇、乡镇与乡镇之间的纽带，为城乡运送货物，满足人民生活需要，满足建设项目生产需要。

我国目前公路运输的运输工具，有非机动车和机动车两种。非机动车辆有人力板车、马车、骡车等，大部分承担短途运输。机动车有汽车和拖拉机等。

公路运输基本上是地区性运输。地区公路运输网与铁路、水路干线及其他运输方式相结合，构成全国性的运输体系。公路运输的特点是运输面广，而且机动灵活、快速、装卸方便。公路运输是铁路运输不可缺少的补充，是现代很重要的运输方式之一，担负着极其广泛的中、短途运输任务。由于公路运输中机动车运输特别是汽车运输，设备磨损及燃料耗费成本较高，因此不宜长距离运输。

（3）水路运输

水路运输具有投资少、见效快、运量大和运输费用低等优点。它是适宜装运建筑材料的运输工具。

水路运输按照航运条件可分为内河运输和海上运输两种。

1）内河运输：内河运输是指船舶在河流中航行的运输。装运材料船舶有货轮、油轮、客货轮、油驳和货驳等。沿江大城市设有港务局，下设港务站，办理货物进出港吞吐，港口装卸和受理货物托运等业务。拖驳船队是目前内河航运的主要运输工具，具有载装量大，能分散装卸，管理方便和经济效益高等优点，适宜装运大批量材料的运输。

2）海上运输：海上运输是指船舶在近海和远洋中船运的运输方式。国内水路货物运输按照交通部门颁发的《水路货物运输规则》规定，分为整批、零担和集装箱运输。一张运单的货物重量满 30t 或体积满 $34m^3$ 的应按整批货物托运，不足此数的按零星货物托运。使用集装箱的货物，每张运单至少一箱。内河船舶按照船舶的装载水线或水尺及航运管理部门核准的船舶准载吨位确定其装载重量。

（4）航空运输

航空运输具有运输速度最快的特点，它适宜紧急货物、抢救材料和贵重物品的运输，但它的材料运输量很小，运费很高。目前航空运输占全国材料运输周转量的比重很小。

（5）管道运输

管道运输是一种新型的运输方式，有很大的优越性。其特点是：运送速度快、损耗小、费用低、效率高。适用于输送各种液体、气体、粉状、粒状的材料。目前主要运输液体和气体。

表 6-2 为各种运输方式的特点比较。

表 6-2 各种运输方式的特点比较

运输方式	铁路运输	水路运输	公路运输	航空运输	管道运输
运　量	大	大	小	很小	大
运行速度	快	较慢	较快	最快	快
运输费用	低	较低	较高	很高	低
气候影响	一般不受影响	受大风、台风大雾影响，并受水位、潮期限制	除大雾大雪外一般不受影响	受一定影响	一般不受影响
适用条件	长途运输大宗材料	1. 大、中型船舶适宜长途运输 2. 小型船舶适宜短途运输	短途运输、市内运输	急用材料、救灾抢险、材料运输	气体、液体、粉末状、粒状材料

（6）非机动运输

非机动运输，指人力、畜力、非机动车船的运输。它机动灵活，路况要求低，分布广阔，但运力小且速度慢。只能作为短距离运输的补充力量。

（二）按运输线路分

（1）直达运输

直达运输指材料从起运点直接运到目的地。它的运输时间短，不需中转，装卸损耗及费用少。运输材料应尽量选择这种方式。

（2）中转运输

中转运输指材料从起运点到中转仓库，再由中转仓库到目的地。建筑企业施工点多，分布面广，材料品种多、规格复杂，需要再次分配材料；零星、易耗、量小而集中采购的材料需要再次分配；受现场保管条件限制，近期不用的材料也需中转运输。

在选择具体运输线路时，应根据运输条件、流向等，合理选择运距短的线路，缩短运输时间，节约运输费用。

（三）按装载方式和运输途径分

（1）集装箱运输

集装箱运输是指使用一种特殊容器，通过现代化的车或船进行物资运输的一种形式。集装箱或零散物资集成一组，采用机械化装卸作业，是一种新型、高效率的运输形式。集装箱运输的特点是安全、迅速、简便、节约、高效。

（2）散装运输

散装运输指粉（粒）状货物或液体货物不易进行包装，直接用适当的运载工具进行运输的一种运输方式。如砂、石运输，罐车运输。

（3）混装运输

混装运输亦称杂货运输。指同一运输工具同时装载各类包装货物（如桶装、袋装、箱装、捆装等）的一种运输方式。

（4）联合运输

联合运输简称联运。指凭一份运送凭证，由两种或两种以上运输方式或同一运输方式的几个运输企业，遵照统一规章和协议，实行多环节、多区段的接力式运输。联运是一种综合利用各种运输工具，多方协同营运的综合性运输方式。

（四）按运输条件分

（1）普通运输

不需要特殊运输工具的运输。如砂、石、标准砖运输等。

（2）特殊运输

用特殊结构的车船、特殊措施、特种材料的运输，如超限材料运输和危险品运输。

1）超限材料运输：即被运材料的重量、长度、宽度、高度等任何一项超过运输部门规定的运输。

2）危险品运输：指易燃、易爆、腐蚀、毒害、放射性等物品运输，如汽油、炸药、铀的运输。

第二节　材料运输管理的内容

一、材料运输管理原则

组织材料运输，必须贯彻“遵守规程、及时准确、安全运输、经济合理”的材料运输管理原则。

（一）遵守规程

承托运双方必须按照《货物运输规程》所规定的要求办理货物运输。

《货物运输规程》所规定的主要内容有：货物的托运、受理和承运，货物的装货和卸货，货物的到达和交付，货物的到达期限，货运事故、赔偿和运输费用的追补，承运部门与收货、发货人责任的划分，货物的运输价格，以及其他货物运输的规定。

《货物运输规程》的各项规定，是运输部门和收货人、发货人之间划分权利和义务的依据，是作为运输契约的基本条款，承托运双方必须履行。

（二）及时准确

及时运送材料，是将采购的材料迅速运往目的地；准确运送材料，包括材料的品种、规格和数量准确，按指定的地点装卸材料，准确预报车船到达时间，这是保证材料运输质量的标志之一。

（三）安全运输

确保安全运输、安全生产是运输、装卸和收发货单位的一项十分重要的工作，务必重视，否则，就有可能发生严重的安全事故，给人民生命和国家财产造成损失。

在材料运输、装卸、中转和保管等过程中，必须做好货运安全。

（四）经济合理

建筑企业必须经济合理地组织材料运输，选择最经济的运输路线、运输工具，加强装卸和中转管理、采取措施降低材料运输损耗，加强材料运杂费的审核，避免不合理的费用支出。

二、材料运输的合理化

（一）合理运输的概念

合理运输就是在材料运输中用最少的劳动消耗，花费最少的时间，走最短的里程完成材料运输，达到最大的经济效果。

（二）常见的材料不合理运输方式

组织材料合理运输，必须避免不合理的材料运输流向。不合理的运输流向，会造成运输过程中人力、物力和财力上的浪费，主要有以下三种：

（1）对流运输

对流运输指同品种货物在同一条运输线路上，或者在两条平行的线路上，相向而行，如图 6-1 所示。

（2）迂回运输

迂回运输指从发运地到目的地，不是走最短的路线，而是迂回绕道造成过远的运输里程。图 6-2 中，由 A 地到 B 地本可以走甲路线，但却从 A 地经 C 地、D 地再到 B 地，即走乙路线，则产生迂回运输。

（3）重复运输

重复运输指同一批货物，由发运地运到后，不经过加工等作业又重复运往发运地点。如图 6-3 所示。

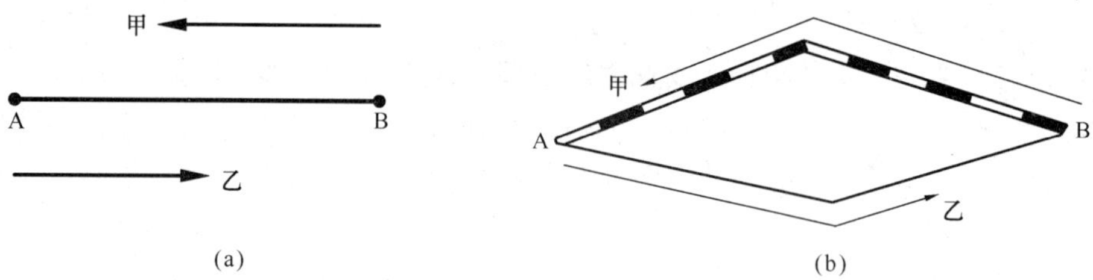

（a）同一条运输线路上的对流运输；（b）两条平行运输线路上的对流运输

图 6-1　对流运输

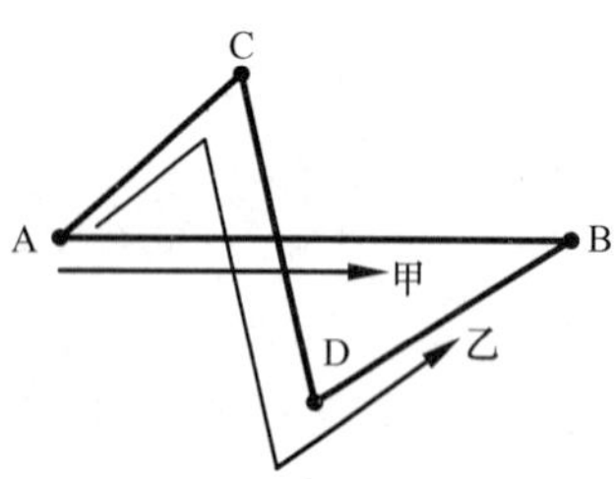

图 6-2　迂回运输

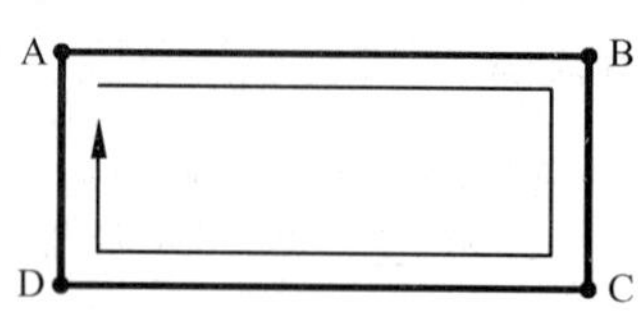

图 6-3　重复运输

（4）过远运输

过远运输指舍近求远，购买较远产地的材料，形成不合理的远距离运输。

（三）组织材料的合理运输

货源地点、运输路线、运输方式、运输工具等都是影响运输效益的主要因素，要组织合理运输，首先，在材料采购过程中，应该就地就近取材，组织运输距离最短的货源，为合理运输创造条件；其次，要编好和落实运输计划，并指导实施。

合理组织运输的途径，主要有以下五个方面：

（1）选择合理的运输路线

根据交通运输条件与合理流向的要求，选择里程最短的运输路线，最大限度地缩短运输的平均里程，消除各种不合理运输方式。组织建筑材料运输时，要采用分析、对比的方法，结合运输方式，运输工具和费用开支进行选择。

（2）直达运输

尽量采取直达运输，减少不必要的中转运输环节。直达运输就是把材料从交货地点直接运到用料单位或用料地点，减少中转环节。许多地区广泛采用“四就直拨”方法，即在大、中城市，地区性的短途运输中采取“就厂直拨、就站（车站或码头）直拨、就库直拨、就船过载”的办法，把材料直接拨给用料单位或用料工地，可以减少中转环节，节约流转费用。

（3）选择合理的运输方式

根据材料的特点、数量、性质、需用的缓急、里程的远近和运费的高低，选择合理的运输方式，以充分发挥其效用。

（4）提高材料运输装载技术

提高材料运输装载技术是提高材料运输质量的主要环节，可以降低材料损耗，保证材料质量，从而降低材料成本，增加企业利润。材料运输装载技术是衡量企业运输管理水平的一个标志。提高材料运输装载技术的措施主要有：

1）在装货时，必须采取装载加固的措施。做好用支柱、铁丝、钢丝绳、麻绳、罩网（网络）、苫布、挡木和三角木等扎紧加固和装卸防护工作，防止材料在运输中移动、倒坍、坠落等情况发生。

2）装运怕湿材料，应将篷布覆盖严密、捆绑牢固、搭盖呈屋脊形。堆放露天场地一定要下垫上苫。

3）装卸材料要轻装轻卸，要掌握材料重心轻吊稳落，码垛要牢固，桩脚要固定，便于点件。

4）货位和货场必须清扫干净，防止材料被混杂。

5）对经常装运的散装材料，应与运输部门协商，确定材料的运输损耗率，超过损耗部分的材料，应由承运部门赔偿。

（5）改进材料包装，提高运输效率

散装运输是指产品不用包装，直接通过专用的设备组织运输的形式。目前主要是水泥采用这种散装运输形式。散装运输的特点是改善劳动条件，提高劳动生产率，节约包装材料，减少运耗，保证材料质量。

三、材料运输业务

材料具有各种不同的性质和特征，材料运输中，必须按照材料的性质和特征，安排装运适合的车船，采取相应的安全措施，将材料及时、准确和安全地运送到目的地。

（一）材料运输业务的种类

按照材料的运输条件，可分为普通运输和特种运输。

（1）普通材料运输

普通材料运输是指不需要特殊的车辆和船舶装运，如砂、石料、砖瓦、煤炭等材料运输，可使用铁路的敞车、水路的普通船队或货驳、一般载重货车装运。

（2）特种材料运输

特种材料运输是指需用特殊结构的车船，或采取特殊的运送措施。特种材料运输，有超限材料运输、危险品材料运输和易腐材料运输三种。

1）超限材料运输：材料的长度、宽度或高度任何一个部分超过运输部门规定标准尺度的材料，称为长大材料。凡一件材料的重量超过运输部门规定标准重量的货物，称为笨重材料。超限材料，如大型钢管、钢梁、大型预制构件和大型机械设备等。

铁路运输的材料，凡一件（捆、箱、包）材料装车后，在平直线上停留时，材料的高度和宽度超过机车车辆界限的，称为超限材料；一件材料的长度超过所装平车长度，需要使用游车或跨装运输时，称为超长材料；一件材料的重量大于应装平车负重面长度的最大载重量时，称为集重材料。

水路运输的材料，件重或长度超过规定标准的，应按笨重或长大材料托运。

凡是超限、超长和集重材料的运输，应按铁道部、交通部颁发的超限、超长和集重材料运输规则办理。

汽车在市区运送特殊超高、超长、超重的材料，必须经公安、市政工程、车辆管理部门审查发给准运证，在规定的线路和时间行驶，并在材料末端悬挂标志（夜间挂红灯、白天挂红旗）才能行驶。特殊超高的材料，要派专门车辆在前面引路，以便排除障碍。

2）危险品材料运输：凡具有自燃、易燃、爆炸、腐蚀、毒害和放射等特性，在运输过程中易引起人身伤亡，人民财产遭受毁损的材料，称为危险品材料。如汽油、煤油、酒精、油纸、油布、硫酸、硝酸、盐酸、生石灰、火柴、生漆、雷管、镭、铀等均属危险品材料。

装运危险品材料的运输工具，应按危险品材料运输要求进行安排，如内河水路装运生石灰，应选派良好的不漏水的船舶；装运汽油等液体危险品材料，应用槽罐车，并有接地装置。

在运输危险品材料时，必须按铁道部、交通部颁发的危险品材料运输规则办理。主要做好如下几项工作：

第一，托运人在填写材料运单时，要填写材料的具体名称，不可书写土名、俗名；

第二，要有良好的包装和容器（如铁桶、罐瓶），不能有渗漏，装运时应事先做好检查；

第三，在材料包装物或挂牌上，必须按国家标准规定，标印“危险品货物包装标志”，见图 6-4；

第四，装卸危险品时，要轻搬轻放，防止摩擦、碰撞、翻滚，码垛不能过高；

第五，要做好防火工作，禁止吸烟，禁止使用蜡烛、汽灯、桅灯；

第六，油布、油纸要保持通风良好；

第七，配装和堆放时，不能将性质抵触的危险品材料混装和混堆；

第八，汽车运输应在车前悬挂标志。

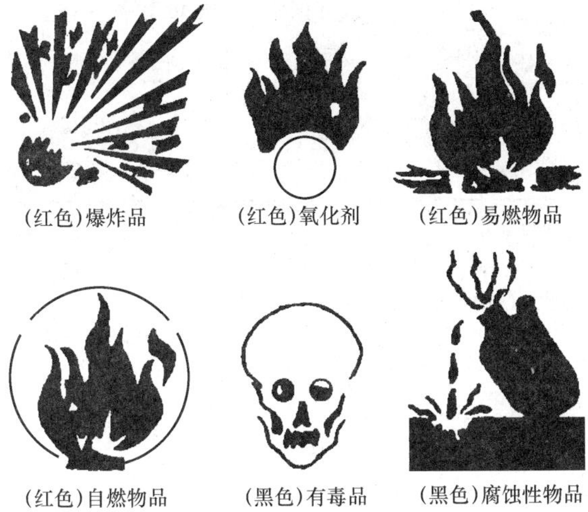

图 6-4　危险品包装标志

3）易腐材料运输：易腐货物运输，指装运易腐货物的运输。建筑材料中属于易腐材料的较少。

（二）材料的托运、装卸和领取

货物运输必须经过托运和承运、装货和卸货、到达和交付（领取）等工作过程，这也是材料运输业务的内容。

（1）材料的托运和承运

铁路整车和水路整批托运材料，应由托运单位在每月规定日期内向有关运输部门提出月度货物托运计划，铁路运输的货物应填送月份要车计划表，见表 6-3，水路运输的货物应填送“月度水路货物托运计划表”，托运计划经有关运输主管部门平衡批准后，按批准的月度托运计划向承运单位托运材料。

表 6-3　××××年××月份要车计划表

发货单位章

名　　称：________

__________年 批准计划号码 ______月　　　　__________日

电话号码：__________

地　　址：__________

顺号	到达			收货单位		货物		吨数	车种代号	车数	下面铁路填写				发站	电报码
	局	车站	电报码	名称	电话号码	名称	代号				运价号/重费计	核检号	特征号	一装车批		
1																
2															品类	代号
3																
4																

注：车种代号：棚车 P、敞车 C、平板 N、轻油罐车 G、保温车 B、毒品车 PD、牲畜车 J、砂石车 K、自备车（化工）在车种代号前加工。

表 6-4　××铁路局货物运单

货物指定于　　月　　日搬入铁路/发货人装车

货位：铁路/发货人施封

计划号码或运输号码：

运到期限　日　　　　　　　　　　　　　　　　　发货人　发站　到站　收货人　货票第　号

<table>
<tr><td colspan="4">发货人填写</td><td colspan="6">铁　路　填　写</td></tr>
<tr><td>发站</td><td></td><td>到站（局）</td><td></td><td>车种车号</td><td colspan="3"></td><td>货车标准</td><td></td></tr>
<tr><td>到站所属省（市）自治区</td><td colspan="3"></td><td>施封号码</td><td colspan="5"></td></tr>
<tr><td rowspan="2">发货人</td><td>名称</td><td colspan="2"></td><td>经由</td><td colspan="3">铁路货车篷布号码</td><td colspan="2"></td></tr>
<tr><td>住址</td><td>电话</td><td></td><td></td><td colspan="3" rowspan="3">集装箱号码</td><td colspan="2" rowspan="3"></td></tr>
<tr><td rowspan="2">收货人</td><td>名称</td><td colspan="2"></td><td>运价里程</td></tr>
<tr><td>住址</td><td>电话</td><td></td><td></td></tr>
<tr><td rowspan="2">货物</td><td rowspan="2">件数</td><td rowspan="2">包装</td><td rowspan="2">发货人确定重量/kg</td><td rowspan="2">铁路确定重量/kg</td><td rowspan="2">计费重量</td><td rowspan="2">运价号</td><td rowspan="2">运价率</td><td colspan="2">现付</td></tr>
<tr><td>费别</td><td>金额</td></tr>
<tr><td></td><td></td><td></td><td></td><td></td><td></td><td></td><td></td><td>运费</td><td></td></tr>
<tr><td></td><td></td><td></td><td></td><td></td><td></td><td></td><td></td><td>装费</td><td></td></tr>
<tr><td></td><td></td><td></td><td></td><td></td><td></td><td></td><td></td><td>取送车费</td><td></td></tr>
<tr><td></td><td></td><td></td><td></td><td></td><td></td><td></td><td></td><td>过秤费</td><td></td></tr>
<tr><td></td><td></td><td></td><td></td><td></td><td></td><td></td><td></td><td></td><td></td></tr>
<tr><td>合计</td><td></td><td></td><td></td><td></td><td></td><td></td><td></td><td>合计</td><td></td></tr>
<tr><td colspan="4">发货人记载事项：</td><td colspan="6">铁路记载事项：</td></tr>
<tr><td colspan="4"></td><td colspan="6"></td></tr>
</table>

注：本单不作为收款凭证　　发货人签字或盖章　　　　　　到站交付日期戳：

规格：350mm×135mm　　　　　年　月　日　　　　　　发站承运日期戳：

发货人托运货物，应向车站（起运港）按批提出“货物运单”，见表 6-4。货物运单是发货人与承运单位之间为共同完成货物运输任务而填制的，具有运输契约性质的一种运送票据。货物运单应认真具体逐项填写。

托运的货物应按毛重确定货物的重量，运输单位运输货物按件数和重量承运。货物重量、件数是承运和托运单位运输货物、交接货物和计算运杂费用的依据。

发货人应在承运单位指定的日期内将运输的材料搬入运输部门指定的货场或仓库，以便承运单位装运。发货人托运的材料，应根据材料的性质、重量、运输距离以及装载条件，必须使用便于装卸和保证材料安全的运输包装，材料包装直接影响材料运输质量，必须选用牢固的包装。有特殊运输和装卸要求的材料，应在材料包装上标印或粘贴“运输包装指示标志”，如图 6-5 所示。

托运零担材料时，应在每件货物上标明“货物标记”（图 6-6），在每件材料的两端各拴挂一个，不适宜用纸签的货物应用油漆书写，或用木板、金属板、塑料板等制成的标记。材料的运费是依据材料等级、里程和重量，按规定的材料运价计算。还有装卸费、过闸费、候闸费和送车费等费用。材料的运费和杂费应在承运的当天一次付清，如承托运双方订有协议的，按协议规定办理。

图 6-5　运输包装指示标志

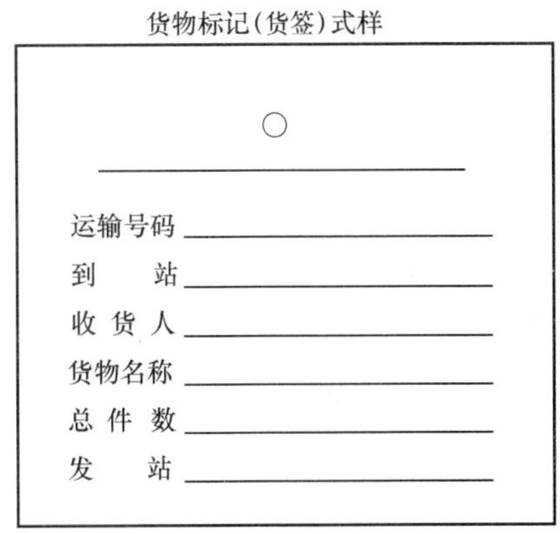

图 6-6　货物标记式样

发运车站（起运港）将发货人托运的货物，经确认一切运送要求和核收运杂费后，加盖车站（港口）承运日期戳，就表示材料已经承运。承运是运输部门负责运送材料的开始，对发货人托运的材料承担运送的义务和责任。

为了预防材料在运输过程中发生意外事故损失，托运单位应向保险公司投保材料运输保险。一般可委托承运单位代办或与保险公司签订材料运输保险合同。

（2）材料到达后的交接

材料运到后，由到站（到达港）根据材料运单上发货人所填写的收货人名称、地址和电话号码，发出到货通知，通知收货人到指定地点领取材料。到货通知一般有电话通知、书信通知和特定通知等方法。

收料人员在接收运输的材料时，应凭材料运单规定的材料名称、规格和数量，与实际装载情况进行核对，经确认无误由收货人在有关运输凭证上签名盖章，表示运输的材料已经收到。

材料在到站（到达港）货场或仓库领取的，收货人应在运输部门规定期限内提货，过期提货应向到站（到达港）交付过期提货部分材料的暂存费。

（3）材料的装货和卸货

材料的装货和卸货也必须贯彻“及时、准确、安全和经济”的材料运输管理原则。做好材料装卸是完成材料采购、运输和供应任务的保证，是提高企业经济效益和社会效益的重要环节。对材料装卸应做好如下工作：

1）掌握运输、资源、用料和装卸有关的各项动态，做到心中有数，做好充分准备；

2）随时收听天气预报，注意天气变化；

3）准备好麻袋、纸袋，以便换装破袋和收集散落材料。做好堵塞铁路货车漏洞用的物品等准备工作；

4）随时准备好货场、货位和仓位，以便装卸材料；

5）做好车、船的预报工作，并做好记录；

6）材料装货前，要检查车、船的完整，没有破漏，车门车窗齐全和车、船内的清扫等工作。装货后，检查车、船装载是否装足材料数量；

7）材料卸货前，检查车、船装载情况；卸货后，检查车、船内材料是否全部卸清。

发生延期装货和延期卸货时应查明原因，属于不可抗拒的自然原因（包括停电）和运输部门责任的，应在办理材料运输交接时在运输凭证上注明发生的原因；属于发货人或收货人责任的，应按实际装卸延期时间按照规定支付延期装货或延期卸货费用。

避免发生延装和延卸，一般可采取如下措施：

1）收、发料人员应严格执行岗位责任制，应在现场工作，督促装卸工人做好材料装卸工作；

2）收、发料单位应与装卸单位相互配合，搞好协作，安排好足够装卸力量，做好快装快卸，如有条件，可签订装卸协议，明确责任，保证车、船随到随装，随到随卸；

3）装卸机械要定期保养和维修，建立制度，保持机械设备完好；

4）码头、货位、场地应经常保持畅通，防止堵塞；

5）调派车、船时，应在装卸货地点的最大装卸能力范围内安排、不能过于集中，否则超过其最大装卸能力就会造成车、船的延装和延卸。

（4）运输中货损、货差的处理

货物在运输过程中发生货物数量的损失称为货差，发生货物的质量，状态改变称为货损。货损和货差，都是运输部门的货运事故。货运事故大致有火灾、货物被盗、货物丢失、货物损坏（货物破裂、变形、湿损、污损、变质）、票货分离和误装卸、错运、误交付、件数不符等。

发生货运事故时，应于车、船到达当天同运输部门处理，向运输部门索取有关记录。

记录有“货运记录”（表6-5）和“普通记录”（表6-6）两种。货运记录具有法律意义，作为分析事故责任和托运人要求承运人赔偿货物的一种基本文件。货运记录应有运输部门负责处理事故的专职人员签名或盖章，加盖车站（港口）公章或专用章。

普通记录是一般的证明文件，不作为向运输部门赔偿的依据。普通记录应有运输部门有关人员签名或盖章和加盖车站（港口）戳。

托运部门在向运输部门提出索赔时，应向运输部门提出货运记录、货物运单、赔偿要求书以及其他证件。在运输部门交给货运记录的次日起最多不超过180天，逾期提出索赔，运输部门可不予受理。

表 6-5 铁路局货运记录 编号：________

补充编制记录时记入补充______铁路局______站于______年______月______日所编号记录

一、一般情况：____

办理种别______ 货票号码______ 号 于______年______月______日承运

发站____________________ 发局____________________ 发货人____________________

到站____________________ 到局____________________ 收货人____________________

车种车号______标记载重______吨于______年______月______日______时______分______次

到装车单位______ 铅封施封单位______ 个数______ 卸车者

二、事故情况：

<table>
<tr><td rowspan="2">项目</td><td rowspan="2">货件名称</td><td rowspan="2">件数</td><td rowspan="2">包装</td><td colspan="2">重量</td><td rowspan="2">发货人记载事项</td></tr>
<tr><td>发货人</td><td>铁路</td></tr>
<tr><td rowspan="4">票据原记录</td><td></td><td></td><td></td><td></td><td></td><td></td></tr>
<tr><td></td><td></td><td></td><td></td><td></td><td></td></tr>
<tr><td></td><td></td><td></td><td></td><td></td><td></td></tr>
<tr><td></td><td></td><td></td><td></td><td></td><td></td></tr>
<tr><td rowspan="4">按照实际</td><td></td><td></td><td></td><td></td><td></td><td></td></tr>
<tr><td></td><td></td><td></td><td></td><td></td><td></td></tr>
<tr><td></td><td></td><td></td><td></td><td></td><td></td></tr>
<tr><td></td><td></td><td></td><td></td><td></td><td></td></tr>
<tr><td>事故详细情况</td><td colspan="6"></td></tr>
<tr><td>鉴定事项</td><td colspan="6"></td></tr>
</table>

三、参加人员盖章：车站负责人____________ 编制人姓名____________

收货人____________ 其他____________ 货运员____________

四、附件：1. 普通记录______页；2. 装载清单______页；3. 铅封______个其他

五、交付货物时收货人意见：

年 月 日 铁路局 站（公章）

注：1. 每份一式三页，一页送责任站调查，一页交收负责人或发货人，一页留站存查。

2. 请收货人或发货人在180天内提出赔偿，同时须提出赔偿要求，并附运单、物品清单、价格证明、发货票、调拨单等有关资料。

3. 如需同时送一个以上单位调查时，可使用不带号码的抄件。

表 6-6　铁路局普通记录

编　号：

年　　月　　日　　站编制

第　　次列车在　　站与　　站间
发站　　　发局　　　发货人
到站　　　到局　　　收货人
运送票据第　　号于　　年　月　日　承运
货物名称　　件数　　实重　　kg
车种车号　　于　　年　　月　　日　　时　　分第　　次到达
车辆技术状态及厂、段修名称起讫年月
发生的事实情况：
车站人员 参加人员（盖章）有关人员　　　站　戳 乘务员_________所属段名 段　戳

注：本记录一式两份，一份存查，一份交有关单位。如换装整理时或其他需要调查时，应作抄件送责任单位。

复习思考题

1. 基本概念：材料运输管理、合理运输。
2. 材料运输有哪几种方式？各有哪些特点？
3. 材料运输管理应遵循哪些原则？
4. 简述材料不合理运输的表现形式。
5. 简述材料运输业务的内容。

第七章　材料储备管理

第一节　材料储备概述

一、材料储备的意义

材料储备是为保证施工生产正常进行而做的材料准备。材料离开材料生产过程进入再生产消耗过程前以在途、在库、待验、再加工等形态停留在流通领域和生产领域，这就形成了材料储备。

（一）材料储备可解决材料生产和材料消耗的矛盾

材料储备可缓解材料生产和材料消耗在空间和时间上的分离。

（二）材料储备过程中的再加工，可实现材料供应成品化、配套化，提高利用效益

材料储备过程的再加工，是材料生产过程在流通时的延伸，可缓解因材料品种规格不全带来的使用困难。

社会再生产过程中，按材料储备所处的领域和所在的环节，一般分为生产储备、流通储备和国家储备。

二、材料储备的种类

建筑企业材料储备是生产储备，它处于生产领域内，是为保证生产进行、材料不间断供应而建立的储备。它又分为经常储备、保险储备和季节储备三类。

（一）经常储备

经常储备又称周转储备，是指企业在正常供应条件下两次材料到货的间隔期中，为保证生产的进行而需经常保持的材料存在。它的特征是，在进料后达到最大值，叫最高经常储备，此后，随着陆续投入消费而逐渐减少，在下一批到料前达到最小值，叫最低经常储备，然后，再补充进料，如此循环，周而复始。在两次到料之间的时间间隔叫供应间隔期，以天数计算，每批到货量叫到货批量。在均衡消费等间隔等批量到货的条件下，材料库存曲线如图 7-1 所示。在建筑企业实际上是随机型的消费，即消费不是均衡的，不同时期的消费量均不相等；随机型的到货条件，即到货间隔和批量均不相等，这时的库存曲线如图 7-2 所示。为了解决随机型消费和到货条件下的储备问题，要先从均衡消费、等间隔、等批量到货的情况入手。

（二）保险储备

保险储备，是在材料不能按期到货或到货不适用，消费速率加快等情况下，为保证施工生产需要而建立的保险性材料库存。它是一个常量（图 7-3），即平时不动用，在必要时动用，动用后要立即补充。对于那些容易补充，对施工生产影响不大的材料，可以用其他材料代用的材料，不必建立保险储备。

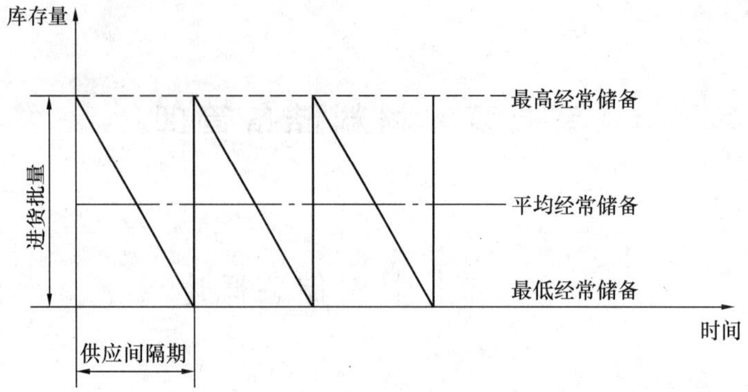

图 7-1　均衡消耗等间隔，等批量到货情况下的库存

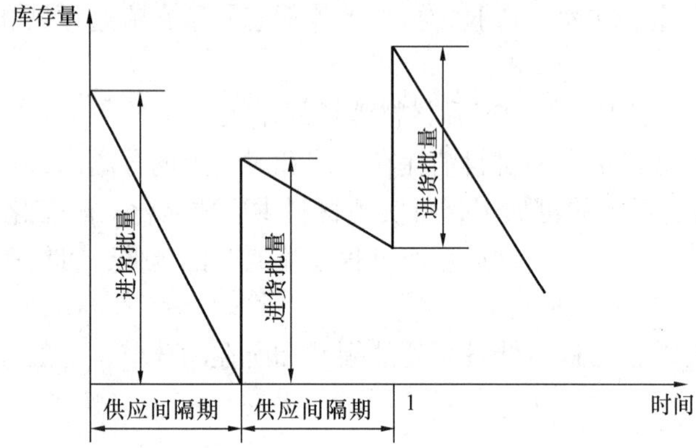

图 7-2　随机型消费，随机型到货条件下的库存

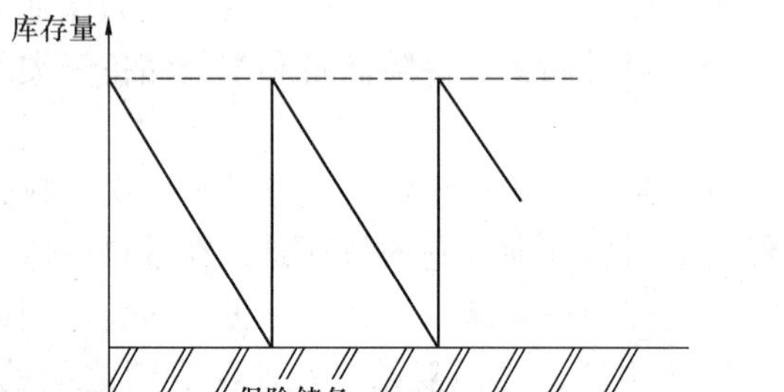

图 7-3　保险储备

（三）季节储备

季节储备，是指由于材料生产上有季节性中断，如北方冬季的砖瓦生产、南方夏季的洪水期间的河砂、河卵石生产，为保证施工生产供应需要，在材料生产中断期内所建立的材料储备（图 7-4）。它的特征是将材料生产中断期间的全部需用量，在中断前一次或分批购进、存储，以备不能进料期间的消耗，直到材料恢复生产可以进料时，再转为经常储备。

由于某些材料在施工消费上有季节性，一般不需建立季节储备，而只在用料季节建立

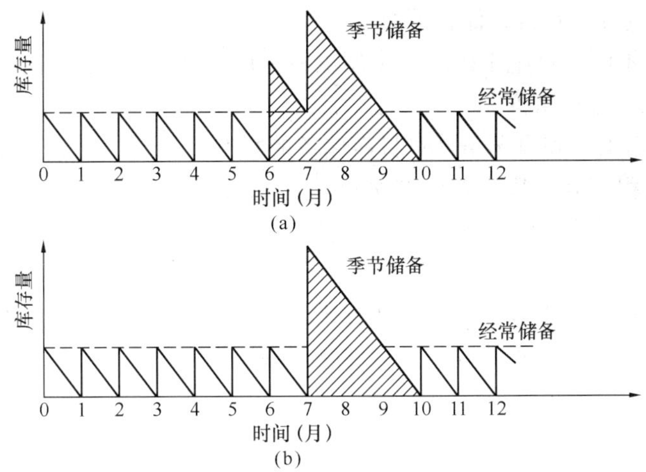

（a）分批进料的季节储备；（b）一次性进料的季节储备

图 7-4　洪水期河砂的季节储备

季节性经常储备。

此外，还有一部分材料处于运输途中，这部分材料，称在途储备。在它未到达之前，不构成库存，不能使用。它只是潜在的资源，所以，一般不把它单独列入材料储备量额度。它要占用资金，在计算储备资金定额时，要计算它占用的份额。

三、影响建筑企业材料储备的因素

（一）建筑施工生产的材料消耗特点对材料储备的影响

建筑施工生产材料消耗的突出特点是既有不均衡性，又有不确定性（即随机性）。使材料消耗呈现出错综复杂的性质。因此，在使用统计资料的基础上分析计算得到储备定额，在执行中往往出现不适用，要注意运用调整系数加以调节，以适应不同情况的需要。对一些特殊材料，则需及时摸清情况，提前订货储备。总之，储备要符合材料的消耗规律，并适应材料消耗的不同特点。

（二）建筑材料生产和运输对材料储备的影响

建筑材料生产有周期性、批量性，材料消耗有成套性。成批生产和成套消耗发生矛盾，要由储备来调节。另外，材料的发货和运输的顺序安排，发运能力的限制，都带有随机的性质。因为批量生产和发运工作的随机性，反映为不规则的各个供应间隔期，影响材料的正常储备。

（三）储备资金的限制

材料储备占用资金较多，由以下三个部分组成：

（1）在库备料占用的资金；

（2）已付款未到货，在途材料占用的资金；

（3）材料已发出尚未使用，生产准备阶段材料占用的资金。

材料（实物量）储备定额是指在库材料，其数量受该部分资金所限制。至于在途材料和生产准备阶段的材料也受该部分资金所限制，都要列入储备资金定额以内，但都不列入材料储备定额。

（四）材料供应方式对材料储备的影响

材料供应方式不同，对施工生产提供的供料保证程度不同。建筑企业应根据不同的具体情况，设置相应的材料储备。

（五）材料管理水平和市场条件对材料储备的影响

材料计划准确程度高，货源组织能力强、信息灵通、各环节协作密切、供需关系协调、市场机制健全、货源充沛，则可降低储备水平；反之，则需增加材料储备，才能保证生产需要。

影响材料储备的因素很多，要做具体分析，考虑它们的综合运用，作出储备决策。还要根据各个时期各种影响因素的变化，对储备定额调整，适应不同时期的不同需要。

四、材料储备定额

（一）材料储备定额的概念

材料储备定额，是指在一定条件下为保证施工生产正常进行，材料合理储备的数量标准，是确定能保证施工生产正常进行的合理储备量。材料储备过少，不能满足施工生产需要，储备过多，会造成资金积压，不利于周转。建立储备定额的关键在于寻求能满足施工生产需要，不过多占用资金的合理储备数量。

（二）材料储备定额的作用

（1）是编制材料计划的依据：建筑企业的材料供应计划、采购计划、运输计划都必须依据储备定额编制。

（2）是确定订货批量、订货时间的依据：企业应按储备定额确定订购批量、订货时间，保证经济合理。

（3）是监督库存变化，保证合理储备的依据：材料库存管理中，需以储备定额为标准随时检查库存情况，避免超储或缺货。

（4）是核定储备资金的依据：材料储备占用资金的定额只能依据材料储备定额计算。

（5）是确定仓库规模的依据：设计材料仓库规模，必须根据材料的最大储备量确定。

（三）材料储备定额的分类

（1）按作用分

1）经常储备定额（周转储备定额）：指在正常条件下，为保证施工生产需要而建立的储备定额。

2）保险储备定额：指因意外情况造成误期或消耗加快，为保证施工生产需要而建立的储备定额。

3）季节储备定额：指由季节影响而造成供货中断，为保证施工生产需要而建立的储备定额。

（2）按计量单位分

1）相对储备定额：以储备天数为计量单位的储备定额。用储备的材料相对可以使用多少天来表示储备的数量标准。

2）绝对储备定额：以材料的实物量或价值为计量单位的储备定额。表示储备材料的绝对实物量或价值量。

（3）按综合程度分

1）品种储备定额：按材料品种核定的储备定额。如钢材、水泥、木材储备定额等。主要用于品种不多但量大的主要材料的储备。

2）类别储备定额：按材料目录的类别核定的储备定额。如油漆、五金配件、化工材料储备定额等。主要用于品种多的材料储备。

3）综合储备定额：以各类材料综合价值核定的储备定额。主要用于核定储备资金。

（4）按期限分

储备期材料定额是按储备材料所能保证的供应时间确定的储备定额。

1）季度储备定额：以季度为适用期限的储备定额。用于耗用呈阶段性、周期性变化的材料。

2）年度储备定额：以年度为适用期限的储备定额。用于消耗稳定、均衡的材料。

第二节　材料储备定额的制定

一、经常储备定额的制定

经常储备定额，是在正常情况下，为保证两次进货间隔期内材料需用而确定的材料储备数量标准。经常储备数量随着进料、生产、使用而呈周期性变化。

经常储备条件下，每批材料进货时，储备量最高，随着材料的消耗，储备量随时间逐步减少，到下次进货前夕，储备量降到零。然后再补充，即进货—消耗—进货，如此循环。经常储备定额，就是指每次进货后的储备量。

经常储备中，每次进货后的储备量叫最高储备量，每次进货前夕的储备量叫最低储备量，两者的算术平均值叫平均储备量，两次进货的时间间隔叫供应间隔期。经常储备的循环过程如图 7-5 所示。

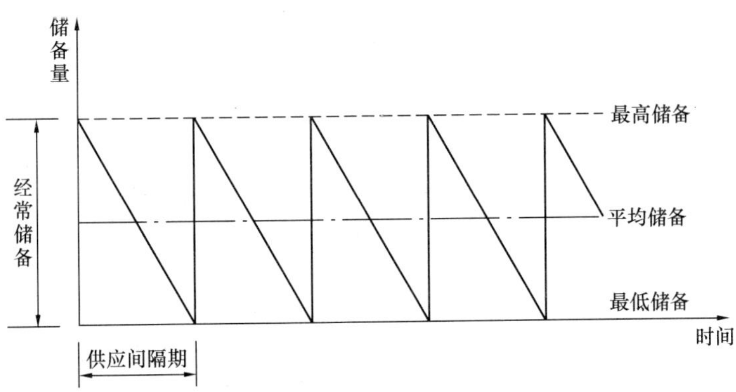

图 7-5　经常储备定额的循环过程示意图

经常储备定额的制定方法有供应间隔期法、经济批量法。

（一）供应间隔期法

供应间隔期法，是指用平均供应间隔期和平均日耗量计算材料经常储备定额的方法。公式如下：

$$C_{\mathrm{j}} = T_{\mathrm{g}} \cdot H_{\mathrm{r}}$$

式中　C_{j}——经常储备定额；

T_g——平均供应间隔期；

H_r——平均日耗量。

平均供应间隔期（T_g）可以利用统计资料分析推算。公式如下：

$$T_g = \frac{\Sigma t_{ij} \cdot q_i}{\Sigma q_i}$$

式中 t_{ij}——相邻两批到货的时间间隔；

q_i——第 i 期到货量。

平均间隔期就是各批到货间隔时间的加权（以批量为权数）平均值。

平均日耗量按计划期材料的需用量和计划期的日历天数计算。公式如下：

$$H_r = \frac{Q}{T}$$

式中 Q——计划期材料需用量；

T——计划期的日历天数。

【例 1】 某企业 2009 年 P. O 425 实际进货记录如表 7-1 所示，2010 年该种材料计划需用量2 050t,根据以上资料编制 2010 年该种材料的经常储备定额。

解：首先计算供应间隔期（T_g）

$$T_g = \frac{\Sigma t_{ij} \cdot q_i}{\Sigma q_i}$$

$$= \frac{37 \times 130 + 24 \times 180 + 43 \times 210 + 33 \times 18 + 18 \times 150 + 21 \times 200 + 45 \times 240 + 20 \times 120 + 43 \times 160 + 27 \times 180 + 31 \times 220}{130 + 280 + 210 + 180 + 150 + 200 + 240 + 120 + 160 + 180 + 220}$$

$$= 32(\mathrm{d})$$

计算计划年度内平均日耗量（H_r）

$$H_r = \frac{Q}{T} = \frac{2\ 050}{360} = 5.69 \quad (\mathrm{t/d})$$

计算经常储备定额（C_j）

$$C_j = T_g \cdot H_r = 32 \times 5.69 = 182.10 \quad (\mathrm{t})$$

表 7-1 材料进货记录汇总表

进货日期	进货量/t	供应间隔期/d	进货日期	进货量/t	供应间隔期/d
1 月 11 日	130		7 月 6 日	240	21
2 月 17 日	180	37	8 月 20 日	120	45
3 月 13 日	210	24	9 月 9 日	160	20
4 月 25 日	180	43	10 月 22 日	180	43
5 月 28 日	150	33	11 月 18 日	220	27
6 月 15 日	200	18	12 月 19 日	(250)	31

（二）经济批量法

经济批量法是通过经济订购批量确定经常储备定额的方法。

用供应间隔期制定经常储备定额，只考虑了满足消耗的需要，而未考虑储备量的变化对材料成本的影响，经济批量法就是从经济的角度去选择最佳的经济储备定额。

材料购入价、运费不变时，材料成本受仓储费和订购费的影响。

材料仓储费，是指仓库及设施的折旧、维修费，材料保管费、维修费，装卸堆码费、库存损耗，库存材料占用资金的利息支出等。仓储费用随着储备量的增加而增加，即与订购批量的大小成正比。

材料订购费指采购材料的差旅费、检验费等。材料订购费随订购次数的增加而增加，在总用量不变的条件下，与订购的批量成反比。

订购批量与仓储费、订购费的关系，如图 7-6 所示。

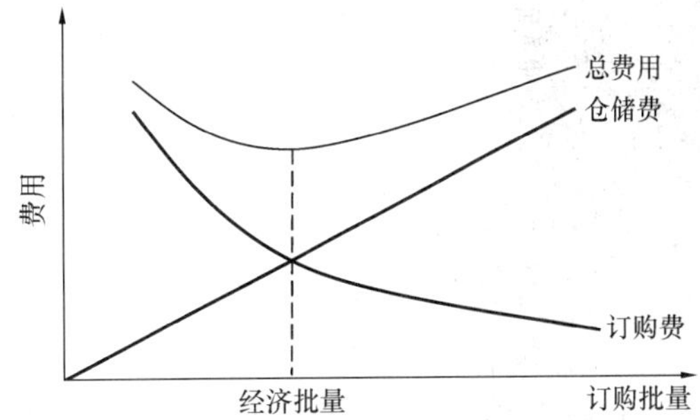

图 7-6　订购批量与费用的关系

经济批量，是仓储费和订购费之和最低的订购批量。则有（符号含义见材料采购决策）：

$$计划期仓储费 = \frac{1}{2}C_j PL$$

$$计划期订购费 = NK = \frac{Q}{C_j}K$$

$$仓储订购总费用 = \frac{1}{2}C_j PL + \frac{Q}{C_j}K$$

用微分法可求得使总费用最小的订购批量：

$$C_j = \sqrt{\frac{2QK}{PL}}$$

【例 2】　某种材料单价 $P = 2\,900$ 元/t，年需求量 $Q = 2\,050$t，订购费 $K = 1\,000$ 元/次，单位价值材料年仓储费率 $L = 5\%$，试求经济储备定额。

解：利用经济批量公式确定经常储备定额。将已知条件代入公式，得：

$$C_j = \sqrt{\frac{2QK}{PL}} = \sqrt{\frac{2 \times 2\,050 \times 1\,000}{2\,900 \times 0.05}}$$

$$= 168.15 \quad (t)$$

每年订购次数（N），平均供应间隔期（T_g）分别为：

$$N = \frac{Q}{C_j} = \frac{2\,050}{168.15}$$

$$\approx 12 \quad (次)$$

$$T_g = \frac{360}{12} = 30 \quad (d)$$

二、保险储备定额的制定

保险储备定额一般确定为一个常量，无周期性变化，正常情况下不动用，只有发生意外使经常储备不能满足需要才动用。保险储备的数量标准就是保险储备定额。

保险储备与经常储备的关系，如图 7-7 所示。

保险储备定额又称最低储备定额，保险储备定额加经常储备定额又称最高储备定额。

保险储备定额有以下几种制定方法：

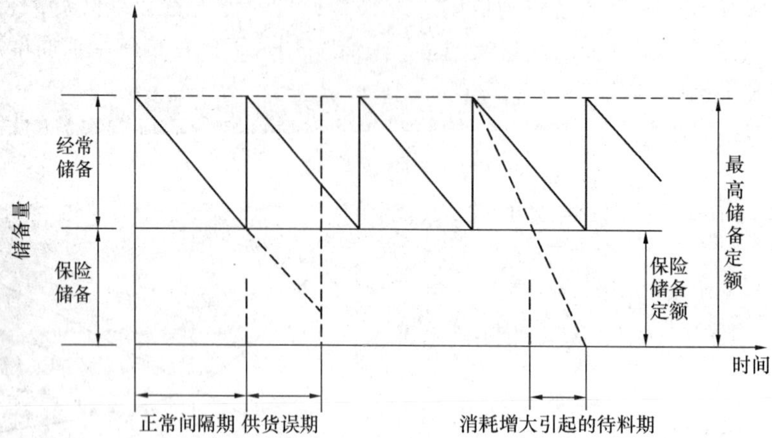

图 7-7　保险储备与经常储备的关系

（一）平均误期天数法

公式如下：

$$C_b = T_w \cdot H_r$$

式中　C_b——保险储备定额；

T_w——平均误期时间；

H_r——平均日耗量。

平均误期时间根据统计资料计算，公式如下：

$$T_w = \frac{\Sigma T_w(ij) q_i}{\Sigma q_i}$$

式中　$T_w(ij)$ ——相邻两批到货的误期时间；

q_i——第 i 期到货量；

T_{ij}——相邻两批到货的间隔期；

T_g——平均供应间隔期。

按【**例 1**】资料试用平均误期天数求 2006 年保险储备定额。

解：列表计算误期时间，如表 7-2（T_g = 32d）所示。

表 7-2　误期天数计算表

进货日期	进货量/t	供应间隔期/d	误期/d	加权数
1 月 11 日	130			
2 月 17 日	180	37	5	650
3 月 13 日	210	24		
4 月 25 日	180	43	11	2 310
5 月 28 日	150	33	1	180
6 月 15 日	200	18		
7 月 6 日	240	21		
8 月 20 日	120	45	13	3 120
9 月 9 日	160	20		
10 月 22 日	180	43	11	1 760
11 月 18 日	220	27		
12 月 19 日	(250)	31		
合　计	1 970（2 220）			8 020

$$T_w = \frac{8\ 020}{130 + 210 + 180 + 240 + 160} = 8.72 \quad (d)$$

$$C_b = T_w \cdot H_r = 8.72 \times \frac{2\ 050}{360} = 49.7 \quad (t)$$

（二）安全系数法

公式如下：

$$C_b = KC_j$$

式中　K——安全系数；

C_j——经常性储备定额。

安全系数（K）根据历史统计资料的保险储备定额和经常储备定额计算。公式如下：

$$K = \frac{统计期保险储备定额}{统计期经常储备定额}$$

（三）供货时间法

供应时间法，是指按照中断供应后，再取得材料所需时间作为准备期计算保险储备定额的方法。公式如下：

$$C_b = T_d \cdot H_r$$

式中　T_d——临时订货所需时间；

H_r——日耗量。

临时订货所需时间包括，办理临时订货手续、发运、运输、验收入库等所需的时间。

三、季节储备定额的制定

有的材料因受季节影响而不能保证连续供应。如砂、石，在洪水季节无法生产，不能保证连续供应。为满足供应中断时期施工生产的需要，必须建立相应的储备。季节储备定额是为防止季节性生产中断而建立的材料储备的数量标准。

季节储备一般在供应中断之前逐步积累，供应中断前夕达到最高值，供应中断后逐步消耗，直到供应恢复，如图 7-8 所示。

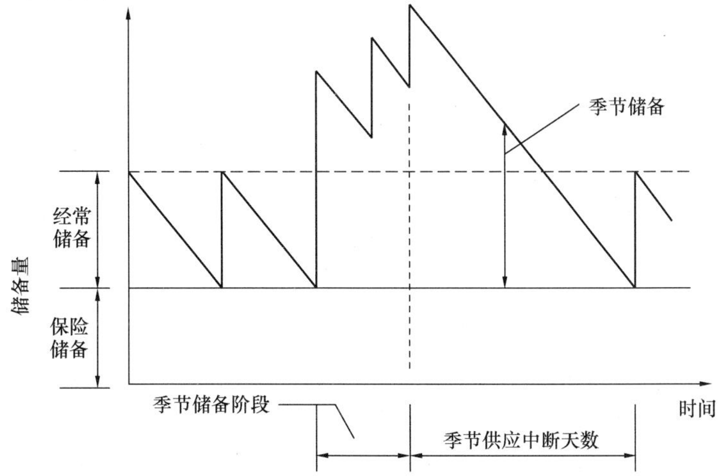

图 7-8　季节储备积累与使用

季节储备定额通常根据供应中断间隔期和日耗量计算。公式如下：

$$C_z = T_z \cdot H_r$$

式中 C_z——季节储备定额；

T_z——季节中断间隔期；

H_r——日耗量。

供应中断间隔期（T_z），必须深入实地调查了解，掌握实际资料后确定。

第三节 材料储备管理业务

建筑企业施工生产所需各种材料，不可能一次全部运到现场，部分材料不可避免地在仓库中转。仓库管理是材料管理的一个重要环节。

一、仓库分类

（一）按储备材料种类分

（1）综合性仓库

综合性仓库指可以储存多种材料的仓库。如在同一仓库中储存钢材、五金材料、电器材料、小型工具用具和其他零星材料等。

（2）专业性仓库

专业性仓库指仅储存某一类材料的仓库。如水泥库、钢材库、电器材料库等。

（二）按保管条件分

（1）普通仓库

普通仓库指无特殊储备要求的一般性材料仓库。

（2）特殊仓库

特殊仓库指有特殊储备要求的特种专业仓库。如冷藏库、散装水泥库、危险品仓库等。

（三）按库房形式分

（1）封闭式仓库

封闭式仓库指有房顶、墙、窗、门可以全封闭的仓库。这种仓库适宜储存五金、化工、机械配件、劳保用品等体积小、价值高、易受物理、化学侵蚀的材料。

（2）半封闭式仓库

半封闭式仓库指有顶无墙的仓库，即各种料棚，通风性能好，出入库方便，可以防雪防雨，用于储存钢材、木材、塑料制品等材料。

（3）露天仓库

露天仓库指露天料场，主要储存不易受自然条件影响的大宗材料，如砖、瓦、砂、石、混凝土构件等。

（四）按管理权限分

（1）中心仓库

中心仓库指公司一级设立的库房。中心仓库的吞吐量大，材料品种多，便于综合平衡使用，减少资金积压。

（2）总库

总库一般指企业所属分公司设立的仓库。主要是为施工生产备料，也称备料仓库。

（3）分库

分库指施工现场的临时仓库，属现场临时设施的一部分，用于现场材料储备。

二、仓库规划

（一）仓库位置的选择

施工现场的材料库（分库）应按施工组织设计中施工平面图的要求布置，永久性总库和中心仓库按以下原则选择地址。

（1）交通方便

交通方便指仓库的交通道路畅通，便于运输和装卸。按照材料的主要运输方式，选择靠近运输线路的地方。例如，以公路运输为主，应靠近干线公路；以水路运输为主，应靠近码头。

（2）布局合理

建筑企业常设多个库房，应根据企业的生产规模、施工范围，以及各库房储备材料品种的分工，合理确定各级各类库房的位置。

（3）地势较好

要求地形平坦，便于排水、防洪、防风、防潮。

（4）环境适宜

仓库附近没有腐蚀性有害气体、粉尘的侵蚀。特殊库房还应满足特殊环境的要求，如危险品仓库、易燃仓库等要与其他建筑保持一定距离。

（二）仓库面积的确定

（1）仓库有效面积的计算

公式如下：

$$S_1 = \frac{G}{V}$$

式中 S_1——仓库有效面积；

G——仓库最高储备量；

V——仓库堆放定额（表7-3）。

表7-3　材料堆放参考定额

材料名称	单　位	定额/m^2	堆放高度/m	包装类型	储存方法	备　　注
钢筋	t	2～3	0.8～1		棚库	
盘条钢	t	1.5～2	0.8～1	捆	棚库	
角钢	t	1.5～2	0.5～0.8		棚库	
工字钢	t	1～1.5	0.5		露天	
原木	m^3	1.6～2.2	2～2.5		露天	
成材	m^3	1.6～2.2	2～2.5		棚库	

续表

材料名称	单位	定额/m^2	堆放高度/m	包装类型	储存方法	备注
层板	张	200~300	1.5~2		仓库	
门扇	扇	12~15	1.5~1.8		棚库	
门框	樘	12	1.5		棚库	
窗扇	扇	60~70	1.5~1.8		棚库	
窗框	樘	12	1.5		棚库	
水泥	t	2~2.8	1.5~1.6	袋	仓库	
石灰	t	1.6	1.5	散装	露天	
石棉瓦	张	25	0.8		棚库	
玻璃	箱	6~10	0.8~1.2	箱	棚库	
油毡	卷	15~30	1~2		仓库	
沥青	t	1.2	1.2		露天	
小五金	t	1.2~1.5	1.8~2.0	箱	仓库	
大径铁管	t	0.5~0.8	1~1.2		露天	
小径铁管	t	0.8~1	1~1.2		棚库	
暖气片	片	100	0.7		棚库	
油漆	桶/t	50~100/0.3~0.6	1.5		仓库	
电线	t	0.9	2.2		仓库	
……						

仓库有效面积指堆放材料的实地占地面积，不含通道、材料之间的间隔等。

（2）仓库总面积的计算

公式如下：

$$S_2 = \frac{S_1}{\alpha}$$

式中 α——通道、间隔系数（表7-4）；

S_2——仓库总面积；

S_1——仓库有效面积。

表7-4 仓库面积利用系数

序号	仓库类型	系数α值
1	封闭式普通仓库（内设货架，每两排货架之间留1m通道，主通道宽为2.5~3.5m）	0.35~0.4
2	罐式密封仓库	0.6~0.9
3	堆置桶装或袋装的封闭式仓库	0.45~0.6
4	堆置木材的露天仓库	0.4~0.5
5	堆置钢材的棚库	0.5~0.6
6	堆置砂石的露天料场	0.6~0.7

三、仓库管理的业务流程

仓库业务流程指仓库业务活动按一定程序，在时间和空间上进行合理安排和组织，使仓库管理有序地进行。仓库业务流程如图7-9所示。

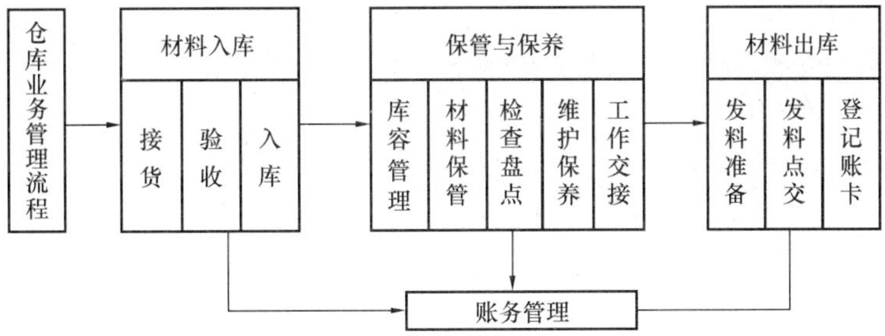

图 7-9　仓库业务流程

（一）材料入库

材料运输达目的地后，需接货、验收，才能入库。材料入库是仓库管理的第一个环节。验收入库是把好入库材料质量的第一关，是划分材料采购环节与材料保管环节责任的分界线。只有进行严格准确的材料检验，才能将采购运输过程中所发生的问题，解决在验收阶段，使入库材料的数量质量有保证。材料验收要求做到准确、及时。

准确，是指对于入库材料的品种、规格、质量、数量、包装、价格、成套产品的配套性，要严格核对，准确无误。按照采购合同和有关标准严格验收。

及时，是指材料验收应在规定时间内完成。一方面使验收合格的材料可以及时结算，及时入账；另一方面对于验收中发现的问题可以迅速提出异议，及时办理拒付或索赔，避免发生超过复议期限而造成损失。

（1）接货

接货是到火车站、码头、机场提货；包括铁路专用线接货；供货方送货到现场仓库；到供货方库房提货等。

（2）验收准备

材料到达之前，必须做好各项验收准备工作。包括准备验收资料，如合同、质量标准等；检验材料的各类工具；安排库内堆放位置；准备支垫材料；准备搬运工具及人员；危险品的防护措施等。

（3）核对验收资料

核对发票、货票、合同、质量证明书、说明书、化验单、装箱单、磅码单、发票明细表、运单、货运记录等。必须做到准确、齐全，否则不予验收。

（4）检查实物

包括数量检查和质量检查两部分。数量检查，即按规定的方法检尺、验方、称重、点箱计件等，清点到货数量。质量检查，即按规定分别检验包装质量、材料外观质量和内在质量。建筑材料品种繁多，质量检验标准也多，检验方法各异，材料验收人员必须熟悉各种标准和方法，必要时，可请有关技术人员参加。

（5）处理验收中的问题

验收中发现各种不符合规定的问题，应按问题的性质分别处理。

1）数量不足，规格型号不符，质量不合格等，应拒绝验收。验收人员要做好记录，及时报送业务主管部门处理。验收记录是办理退货、调换、赔偿、追究责任的主要依据，应严肃对待。做好记录的同时，应及时向供货方提出书面异议，对于未验收的材料，要妥善保存，不得动用。

2）凡证件不全的到库材料，应做待验收处理，临时保管，并及时与有关部门联系催办，等证件齐全后再验收。

3）凡质量证明书或技术标准与合同规定不符，应报业务主管部门处理。

4）材料运输损耗在规定的损耗率以内的，应按数验收入库，损耗部分填报运输损耗单冲销；损耗超过规定损耗率的，应填写运输损耗报告单，经业务主管批准后再办理验收入库手续。材料运输损耗标准见表 7-5（供参考）。

表 7-5　材料运输及保管损耗定额

材料名称	场外运输损耗/%	保管损耗/%	损耗合计/%
普通砖	2.0	0.5	2.5
空心砖	2.0	0.5	2.5
瓷　砖	0.3	—	0.3
面　砖	0.5	—	0.5
白石子	0.5	—	0.5
砂　子	—	3.0	3.0
石　灰	1.5	1.0	2.5
石　屑	—	0.1	0.1
水　泥	0.3	0.1	0.4
玻　璃	0.4	0.1	0.5
石　膏	0.3	0.1	0.4
耐火砖	0.5	—	0.5
陶瓷管	0.5	—	0.5
黏土瓦管	1.0	1.0	2.0
混凝土管	0.5	—	0.5
烧　碱	3.0	2.0	5.0
电　石	3.0	2.0	5.0
玻璃灯罩	0.5	0.5	1.0
瓷　管	1.0	1.0	2.0
……			

（6）办理入库手续

到货材料经检查、验收合格后，按实收数及时办理入库手续，填写入库验收单（表 7-6）。办理入库手续，是采购工作和仓库保管工作的界限，入库验收单是报销及记账的凭证。

表 7-6　材料入库验收单

供应单位：　　　　　　　　　　　　　　　　　　　　收料仓库：

发票号数：　　　　　　　　　　　　　　　　　　　　材料类型：

发货日期：　　　　　　　　年　　月　　日　　　　　编　　号：

<table>
<tr><td rowspan="2">材料编号</td><td rowspan="2">材料名称</td><td rowspan="2">规格</td><td colspan="4">发票数</td><td colspan="4">实收数</td><td colspan="2">短缺</td><td rowspan="2">备注</td></tr>
<tr><td>单位</td><td>数量</td><td>单价</td><td>金额</td><td>单位</td><td>数量</td><td>单价</td><td>金额</td><td>数量</td><td>金额</td></tr>
<tr><td></td><td></td><td></td><td></td><td></td><td></td><td></td><td></td><td></td><td></td><td></td><td></td><td></td><td></td></tr>
<tr><td></td><td></td><td></td><td></td><td></td><td></td><td></td><td></td><td></td><td></td><td></td><td></td><td></td><td></td></tr>
<tr><td></td><td></td><td></td><td></td><td></td><td></td><td></td><td></td><td></td><td></td><td></td><td></td><td></td><td></td></tr>
<tr><td colspan="3">实际价款合计</td><td colspan="10">万　仟　佰　拾　元　角　分</td><td>小写</td></tr>
<tr><td colspan="2" rowspan="2">附记</td><td>运输单位</td><td></td><td>车种</td><td></td><td>运单号</td><td></td><td>距离</td><td></td><td>起止地点</td><td colspan="3"></td></tr>
<tr><td>运费</td><td></td><td>装卸费</td><td></td><td>包装费</td><td></td><td>其他费</td><td></td><td>费用小计</td><td colspan="3"></td></tr>
</table>

主管：　　　　　　审核：　　　　　　验收员：　　　　　　采购员：

（二）材料保管与保养

（1）材料保管

验收入库的材料，必须加强库内保管，保证完好，方便发料、盘点。保管包括库容管理和材料保管。为做到在库材料完好无损，应根据不同材料的性质，选择恰当的堆码方法。材料保管的另一个基本要求是方便合理，便于装卸搬运、收发管理、清仓盘点。

1）选择材料保管场所：建筑企业仓库设施不够完备，材料保管场所尚不能满足所有材料保管需要。建筑企业存放材料的场所有库房、库（货）棚和货（料）场三种形式。

库房，也称封闭式仓库，是指四周有围墙，有门窗，可以完全将库内空间与室外隔离开来的建筑物。由于其隔热、隔湿、遮风挡雨，所以存放在库房的材料，多是那些怕风吹日晒，怕雨淋，对空气中温、湿度及有害气体反应较敏感的材料。如钢材中的镀锌板、镀锌管、薄壁电线管、优质钢材等；化工材料中的胶黏剂、溶剂、防冻剂等；五金材料中的各种工具、电线电料、零件配件等，均应在库房保管。

库(货)棚，是指上面有顶棚，四周有墙，但未完全封闭起来的建筑物。这种储备材料的场所能够遮雨，挡住日光曝晒，但温度、湿度与外界基本一致。怕雨淋、日晒而对空气中温度、湿度要求不高的材料可以存放在货棚内，如铸铁制品、卫生陶瓷、散热器、石材制品等。有些材料按其特点本应存入库房，但由于库房限制或周转较快材料，也可存放于库棚。

料（货）场，又称露天仓库，是指露天的，但地面经过一定处理的储存材料的场所。一般要求料（货）场的地势较高，地面夯实或进行适当处理。露天料场存放那些不怕风吹、日晒、雨淋，对空气中温度、湿度及有害气体反应均不敏感的材料，或是虽然受到各种自然因素影响，但在使用时可以消除影响的材料，如钢材中大型型材、大部分钢筋、砂石、砖、砌块、木材等，可以存放在料场。

另外有一部分材料对保管条件要求较高，如需要保温、低温、冷冻、隔离保管的材料，必须按保管要求，存放在特殊库房内。如汽油、柴油、煤油等燃料油，必须是低温保管；部分胶黏剂，冬季必须是保温保管；有毒品必须是单独保管。

保管场所选择是相对的，并非一成不变。当库房储存能力较大时，可适当多进入库房保管。当保管条件较差时，只能把如不入库房保管即造成根本性破坏的材料放入库房保管。

2）材料的合理码放：材料码放，关系到材料保管中所持的状态。因此，码放形状和数量，必须满足材料性能要求。

材料的码放形状，必须根据材料性能、特点、形状、体积选择。例如钢材、钢筋和小型型材，成捆包装的可码十字交叉垛或顺垛，而散捆的小型型材则不宜码十字垛，以免受压变形而影响使用。大型型钢一般应单板顺码或十字交叉码放，桶装液体材料，如漆、稀料、酸等，适当单列码放，一旦渗漏能立即发现处理。油毡等卷材，须根据其基底材料性能确定码放方法，一般纸基石油沥青油毡，韧性较好，适宜竖放，而玻璃布油毡，由于基底为玻璃布，抗折性能较弱，不宜竖码，而采用横（躺）码；板状材料如三合板、塑料板、石膏板等，适宜采用错头码放，便于清点和发放。橡胶制品如三角带、轮胎等应做一定处理，如三角带挂放，轮胎特别是内胎，应适当充气码放于架上。

材料的码放数量，首先要视存放地点的地坪负荷能力而确定，使地面、垛基不下陷，垛位不倒塌为原则。同时看材料码放时，底层材料所能承受的重量，以材料不受压变形、变质、损坏为原则。例如，袋装水泥，一般情况下只能码放10袋高，若高度超过10袋则会出现包装破裂或底层受压硬结。再如石油沥青纸油毡，适宜竖向码放两层，如果高度超过此量，则易出现垛位倒塌，底层受压变形，影响使用。

材料保管还应特别注意性能互相抵触的材料，应严格分开，如酸和碱；橡胶制品和油脂；酸、稀料等液体材料与水泥、电石、滑石粉；工具、配件等怕水、怕潮材料都要分开，否则易发生相互作用而降低使用性能甚至破坏。

为便于清点、堆码，入库材料应按类别、按系列放在库房的固定区域内，并采取货位编号、“四号定位”、“五五摆放”等方法，使其标记鲜明，材质不混，整齐有序。

① 四号定位，对号入座。四号定位法是在对仓库统一规划、合理布局的基础上，进行货位管理的一种方法。要求每一种材料用四个号码表示所在的固定货位。

仓库内货架及架位的布局，必须全面考虑，因地制宜作出规划。四号定位，对号入座是按四角号码字典查字原理和电影院座位的对号入座的方法，对仓库货位加以系统管理，按照不同的材质、规格、性能进行分类堆放，每一种材料用四个号码表示所在的固定货位。仓库的四个号码分别代表仓库号、货架号、架层号、货位号（简称库号、架号、层号、位号）；料场保管的材料，四个号码分别代表区号、点号、排号、位号。对库内材料实行定位存放管理，便于清点、发货。

② 五五摆放法。五五摆放法是堆码材料的具体方法。它根据人们习惯以五为基数计数的特点，将材料以五或五的倍数为单位堆码。做到：大的五五成方，高的五五成行，矮的五五成堆，小的五五成包（箱），带眼的五五成串。这样便于清点，又整齐好看。

3）材料的安全消防：不同的材料性能决定了其消防方式有所不同。固体材料燃烧应采用高压水灭火，若同时伴有有害气体挥发，则应用黄砂灭火并覆盖。液体材料燃烧，适合使用干粉灭火器或黄砂灭火，避免液体外溅，扩大火势和危害。

每种材料的安全消防方式应视具体材料性能而确定。

（2）材料保养

材料受自然界各种因素的影响，其物理性能和化学性能会有不同程度的变化，有一些变化将影响材料的质量。例如钢材生锈、水泥受潮、木材腐烂等。材料保养的任务，就是要采取各种措施，控制仓库的湿度、温度，金属防锈，防虫害，保证在库材料不变质或少变质，满足使用要求。

材料保养，就是采取一定的措施或手段，改善所保管材料的性能或使受到损坏的材料恢复其原有性能。

1）妥善保养材料的措施：引起材质变化的主要因素有材料本身的物理化学性能；材料储存的自然环境，如湿度、温度、虫害、灰尘、空气及日光等；储存期过长；防止材质变化，应针对材料的不同特性和要求，采取相应的措施。

① 安排适应所储存材料性能要求的场所。

② 材料堆放注意防风、防潮。

③ 对湿度、温度要求高的材料，仓库要有相应的设备及措施。

④ 做好仓库清洁卫生工作，清除虫害等。

⑤ 建立定期检查维护制度，随时掌握材料质量变化情况，及时采取措施，防止材料

变质。

2）材料保养的主要方法：

① 除锈。主要是金属材料及金属制品因各种原因产生锈蚀时应采取这种保养方法。可用油洗、研磨、刮除等方法除掉锈渍，恢复其原有性能。

② 涂油、密封。部分工具、用具、零件、仪表、设备等需定期进行涂油养护，避免由于油脂干燥脱落造成其性能受到影响。部分仪表、工具经过涂油后还需进行密封，隔绝外部空气进入，减少油脂挥发。

③ 干燥。部分受潮材料应做干燥养护，可采用日晒、烘干、翻晾，使吸入的水分挥发。通常在库房内放置干燥剂，如滑石粉、氯化钙等吸收潮气，降低环境湿度。但应注意有些材料不宜日晒，或烘干，如磨具（砂纸、砂轮等）日晒后会降低强度，影响性能。

④ 降温。怕高温的材料，在夏季应做降温养护，可采用房顶喷水、室内放置冰块，夜间通风等，改善保管环境温度。

⑤ 防虫和鼠害。有些材料易受虫、鼠的侵害，可通过喷洒、投放药物减少损害。如夏季棉、麻、丝制品及皮制品应放置樟脑丸以防止咬食受损，一年四季都应投放防鼠药。

（3）仓库保管工作交接

仓库保管人员发生变动，要办理交接手续。

（4）材料盘点

材料盘点，就是清查库存材料的数量、质量。通过盘点，可以掌握实际库存情况，如是否积压和短货以及材料的质量现状。

（三）库存控制

库存控制，指材料的库存量保持在合理的范围内。库存控制主要解决控制的重点和库存量的调整两个方面。

（1）ABC 分类法

ABC 分类法，是指根据库存材料的品种、资金占用等因素，通过排队分类，确定出控制重点的管理方法。它又称 ABC 分析法，重点管理方法。

建筑企业施工生产所需材料的种类很多，但耗用量并不均衡，消耗量最多的往往只是少数品种的材料。这部分材料的品种少，但消耗量大，资金占用多，因此必须作为重点控制。

ABC 分类法从材料的品种和价值两个方面分析材料的重要程度，划分控制重点，把全部材料按一定标准分为 ABC 三类，实施分类管理。分类标准见表 7-7。

表 7-7　ABC 管理法分类标准

材　料　类　别	品种占总品种的比例/%	价值占总价值的比例/%
A	5 ~ 20	70 ~ 90
B	25 ~ 40	10 ~ 25
C	50 ~ 70	5 ~ 15

A 类：重点管理对象，严格控制库存量，尽量以经济批量进货，随时检查库存状况。A 类材料控制得好，对降低资金占用将起重要作用。

B 类：一般管理对象，按定额控制库存量，以定量订购的批量或定期订购的批量进货，定期检查库存情况。

C类：非重点管理对象，对库存量不严格控制，可以定量订购的批量进货，如有必要库存数允许适当高于定额。

（2）库存量调整

库存量控制应根据储备定额对重点控制的材料作及时调整。

（四）材料的出库

材料出库，是仓库管理的最后一个环节，也是材料库存与材料使用的界限。

（1）材料发放的要求

材料出库应遵循“先进先出”、及时、准确、面向生产、为生产服务，保证生产进行的原则。

及时，指及时审核发料单据中的各项内容是否符合要求，及时核对库存材料能否满足；及时备料、安排送料、发放；及时下账改卡，及时复查发料后的库存量与下账改卡后的结存数是否相符；剩余材料（包括边角废料、包装物）及时回收利用。

准确，指按发料单的品种、规格、质量、数量进行备料、复查、点交；准确计量，以免发生差错；准确地下账、改卡，确保账卡物相符；准确掌握送料时间，防止与施工活动争场地，避免材料二次转运，还应防止材料供应不及时而使施工中断，造成停工待料。

节约，指有保存期限要求的材料，应在限期内发放；对回收利用的材料，在保证质量的前提下，先发旧的后发新的；能用次料不发好料，能用小料不发大料，凡规定交旧换新的，要坚持交旧发新。

（2）材料出库程序

1）发放准备：材料出库前，应做好计量工具、装卸倒运设备、人力以及随货发出的有关证件的准备，根据用料计划或限额领料单，做好发料准备工作，提高材料出库效率。

2）核对凭证：材料出库凭证是发放材料的依据，材料出库必须依据材料拨料单、限额领料单、内部转库单发料，要认真审核材料发放地点、单位、品种、规格、数量，并核对签发人的签章及单据有效印章，无误后方可发放。非正式出库凭证一律不得发放。若凭证不实，不能发料。

3）备料：凭证经审核无误后，按出库凭证所列材料的品种、规格、数量准备材料。

4）复核：为防止发生发放差错，备料后必须复查。首先复查准备材料与出库凭证所列项目是否一致，检查所发材料和凭证所列材料是否吻合，然后复查发放后的材料实存数与账务结存数是否相符，确认无误后再下账、改卡。

5）点交：无论是内部领料还是外部提料，发放人与领取人当面点交清楚。如果一次领（提）不完的材料，应做出明显标记，并得到领（提）料人的确认，防止差错，分清责任。

6）清理：材料发放出库后，应及时清理拆散的垛、捆、箱、盒，部分材料应恢复原包装要求，整理垛位，登卡记账。

（五）账务管理

仓库业务各环节均有账务管理要求。为及时了解材料到货、使用情况，通常建立一般材料账和低值易耗品账。记账程序为：审核凭证，即审核凭证的合法性和有效性；整理凭证，将凭证分类、排序；登账，根据账卡要求将凭证所列各项逐项登记；轧账及编制报表，将一个会计期间发生的经济业务作出小结。

（1）记账依据

仓库账务管理的基本要求是系统、严密、及时、准确。材料保管账由仓库保管员按材料出入库凭证及耗料、盘点等凭证记账。一般包括以下几种：

1）材料入库凭证：如验收单、入库单、加工单等。

2）材料出库凭证：如调拨单、借用单、限额领料单、新旧转账单等。

3）盘点、报废、调整凭证：如盘点盈亏调整单、数量规格调整单、报损报废单等。

（2）记账程序

记账的程序是从查核凭证、整理凭证开始，到按规定登记账册、结算金额以及编制报表的全部账务处理过程。正确的记账程序能方便记账，提高记账效率，及时、准确、全面、系统地提供所需要核算的资料。

（3）仓库盘点管理

1）盘点的内容：

① 材料的数量。根据账、卡、物逐项查对，核实库存数，做到数量清楚、质量清楚、账表清楚。

② 材料质量。检查是否变质，报废。

③ 材料堆放。是否合理，上盖、下垫是否符合要求。四号定位、五五摆放是否达到要求。

④ 其他。如计量工具、安全、保卫、消防等。

2）盘点方法：

① 定期盘点法。指月末、季末、年末对仓库材料进行全面盘点的方法。定期盘点应结合仓库检查工作进行，查清库存材料的数量、质量和问题，并提出处理意见。

② 永续盘点法。指每日对有变动的材料及时盘点的方法。即当日复查一次，做到账、卡、物相符。

③ 实地盘点法。指盘点人员逐一对库存材料进行清点、过磅计重等，查明库存材料的实有数量的方法。

编制盘点报告。对盘点中发现的问题，如材料损失、失盗、盘亏、盘盈、变质、报废等，凡发生数量盈亏者，编制盘点盈亏报告；凡发生质量降低、损坏的，要编制报损报废报告（表 7-8、表 7-9），按规定及时报上级主管部门处理。根据盘点报告批复意见调整账务并做好善后处理。

表 7-8　材料盘点盈亏报告单

填报单位：　　　　　　　　　　　　年　　月　　日　　　　　　　　　　　第　　号

材料名称	单位	账存数量	实存数量	盈（+）亏（-）数量及原因
部门意见				
领导批示				

表 7-9　材料报损报废报告单

填报单位：　　　　　　　　　　　　年　　月　　日　　　　　　　　　　　　第　　号

材料名称	单位	数　量	单价及金额	报损报废原因	技术鉴定处理意见
部 门 意 见					
领 导 批 示					

通过盘点应达到“三清”，即数量清、质量清、账表清；“三有”即盈亏有分析、事故差错有报告、调整账表有依据；“三对”即账、卡、实物对口。

3）盘点中问题的处理：

① 盘点中发现数量出现盈亏，且其盈亏量在国家和企业规定的范围之内时，可在盘点报告中反映，不必编制盈亏报告，经业务主管审批后据此调整账务；当盈亏量超过规定范围，除在盘点报告中反映外，还应填“盘点盈亏报告单”，经领导审批后再行处理。

② 当库存材料发生损坏、变质等问题时，填“材料报损报废单”并通过有关部门鉴定降等、变质及损坏损失金额，经领导审批后，根据批示意见处理。

③ 当库房已被判明被盗，其丢失及损坏材料数量及相应金额，应专项报告，报告保卫部门认真查明，经批示后才能处理。

④ 当出现品种规格混串和单价错误，可查实后，经业务主管审批后进行调整。

⑤ 库存材料在 1 年以上没有动态，应列为积压材料，应编制积压材料清册，报请处理。

⑥ 代保管材料和外单位寄存材料，应与自有材料分开，分别建账，单独管理。

四、储备量管理

材料储备定额，是在均衡消耗、供应运输等批量、等间隔条件下，实际上是一种理想状态下的材料储备。建筑企业的生产，实际上做不到均衡消耗、等间隔、等批量供应。因此，储备量管理应根据变化因素，调整材料储备。

（一）实际库存变化情况

（1）在材料消耗速度不均衡情况下，当材料消耗速度增大时，在材料进货点未到来时，经常储备已经耗尽，当进货日到来时已动用了保险储备，如果仍然按照原进货批量进货，将出现储备不足。见图 7-10（a）。

当材料消耗速度减小时，在材料进货点到来时，经常储备尚有库存，如果仍然按照原进货批量，库存量将超过最高储备定额，造成超储损失。见图 7-10（b）。

（2）到货日期提前或拖后情况下，到货拖期，使按原进货点确定的经常储备耗尽，并动用了保险储备，如果此时仍然按照原进货批量进货，则会造成储备不足。见图 7-11（a）。

提前到货，使原经常储备尚未耗完，如果按照原进货批量再进货，会造成超储损失。见图 7-11（b）。

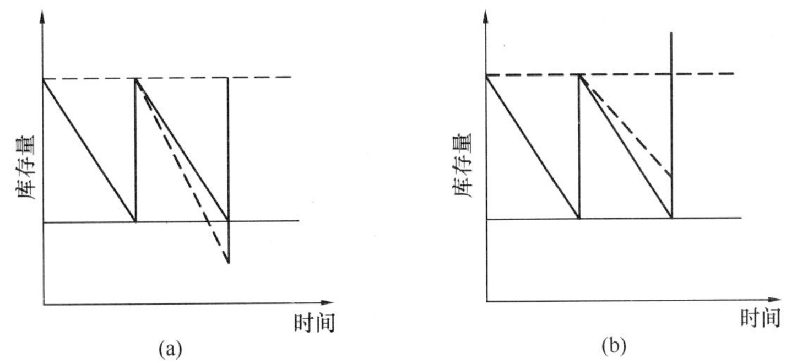

(a) 材料消耗速度增大；(b) 材料消耗速度减少

图 7-10　不同消耗速度下库存变化情况

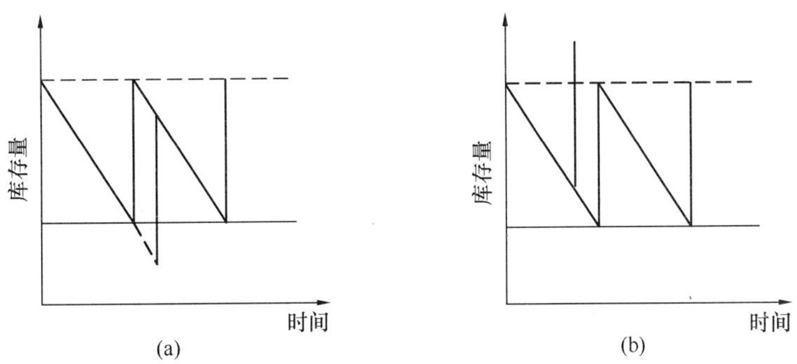

(a) 到货拖期；(b) 提前到货

图 7-11　不同到货间隔情况下的库存变化情况

（二）储备量控制方法

当出现上述情况时，应采取一定的措施予以控制，使储备量达合理状态。

(1) 定量库存控制法

确定一个库存量水平为订购点，当库存量下降到订购点时，立即提出订购，每次订购的数量均为订购点到最高储备之间的数量。

一般情况下，订购点的库存水平应高于保险储备定额。因为从派人订购之日起，到材料入库之日止的这段时间内，包括采购人员在途天数、订购谈判天数、供货单位备料天数、办理运输手续天数、运输天数、验收天数等，材料仍在继续消耗，这段时间叫备运期。订购点必须设在保险储备定额和备运期间材料消耗量的基础上，才能保证材料的连续供应。

这种方法使订购点和订购批量可以相对稳定，但订购周期却随情况而变化。如消耗速度增大时，订购周期变短，消耗速度减小时，订购周期变长。这种方法的关键内容是确定一个恰当的订购点。见图 7-12。

订购点 = 保险储备定额 + 订货运输时间材料需用量

(2) 定期库存控制法

定期库存控制法，是采用固定时间检查库存量，并以此库存为订购点，结合下周期材料需用量，确定订购批量。

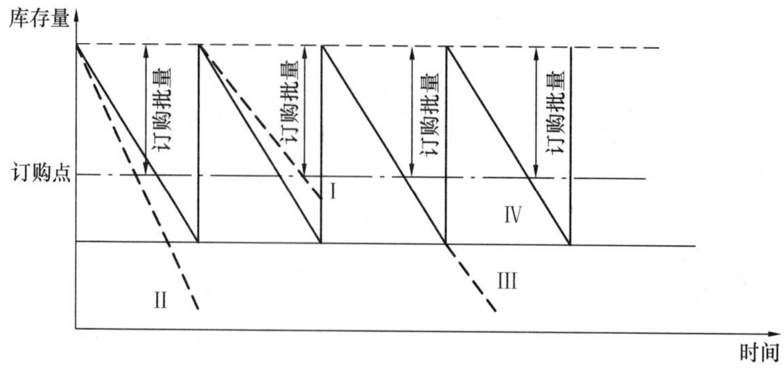

Ⅰ. 材料消耗速度增大；Ⅱ. 材料消耗速度减小；

Ⅲ. 到货拖期；Ⅳ. 提前到货

图 7-12　订购点及订购批量

这种方法是订购周期相对稳定，但每一次的订购点却不一样，因此订购批量也不同。当材料消耗速度增大时，订购点低，订购批量大；材料消耗速度减小时，订购点高，订购批量减小。订购批量的确定方法是：

订购批量 = 最高储备 - 订购点实际库存 + 订货运输时间需用量

除上述两种控制方法外，企业也可根据材料储备中的最高储备定额和最低储备定额作为控制材料储备量的上限和下限；也可用储备资金定额作为衡量材料储备量的标准。

五、储备资金管理

材料储备实际上是物化资金的储备，储备资金的管理，也就是储备材料的管理。储备资金的占用和周转情况，反映了储备材料的流通和运转情况。企业应采取措施，尽可能减小资金占用，加速资金周转，提高企业经济效益。

（一）运用 ABC 分类管理法，抓住重点带动一般

ABC 分类管理法，在建筑企业材料管理中，是根据材料在施工生产中的重要程度和消耗（储备）金额大小，划分为 ABC 三类，分别采取不同的管理方法。

（二）按期分析库存资金情况，促进资金占用合理化

以储备定额为依据确定的储备资金定额，是较为合理的资金占用。同一时期内储备实际占用资金情况与其进行比较，可以反映资金占用水平，从而考核储备经济效益。其计算公式为：

$$储备资金节约(超占)率(\%) = \left(1 - \frac{实际资金占用金额}{储备资金定额}\right) \times 100\%$$

上式计算所得结果为正时，则说明实际占用资金小于储备资金定额，材料储备资金节约。反之，上式计算所得结果为负，表明储备资金超占，必须充分利用库存，加强采购控制，降低材料储备，避免储备和资金失控。

六、储备管理中的内业资料管理

材料储备是材料供应中的一个重要环节。材料储备中各种资料、凭证、档案是材料供

应核算和企业生产正常运转的重要内容。应加强储备中的内业资料管理，使其统一化，规范化，流转畅通。

（一）材料储备流转凭证的管理

材料入库、出库、内部调拨、暂借、预支、周转使用等各种凭证，必须分类管理，并按月、季、年装订成册，视企业及有关部门规定，保留1～10年。各种报表，如库存报表，资金占用报表，应按月编制，并应制成年度动态图表，随时掌握和监督储备变化情况。年度或季度的盘点报告应集中管理，并应进行考察、核对，对其处理意见应有结果，避免差错延续。年度或季度应对储存期超过规定期限的材料登记造册，提供有关部门及时处理。旧品、回收品、待修理品的账目报表，应单独核算，严格管理。

（二）定期进行业务考核，提高储备管理水平

为了检验仓库的经营成果，挖掘潜力，调动一切积极因素，充分利用仓库设备，提高工作效率和劳动生产率，降低材料损耗，加速周转，必须对储备业务情况进行考核，有助于发现工作中问题，及时采取措施解决问题。同时可以用同一指标与其他企业同类业务进行比较，从中可学到更多、更好的管理方法。一般储备业务考核指标主要有：

（1）材料储备吞吐量

材料吞吐量亦称材料周转量，是计划期内进库、出库材料数量的总和。其公式为：

$$\text{吞吐量} = \text{总进库量} + \text{总出库量}$$

（2）材料周转次数

材料周转次数，是计划期内仓库材料的出库量（金额）与同期内材料的平均库存量（金额）之比。其公式为：

$$\text{材料周转次数(次)} = \frac{\text{计划期材料出库量(金额)}}{\text{计划期平均库存量(金额)}}$$

（3）仓库利用率

仓库利用率，指仓库面积利用程度。其公式为：

$$\text{仓库利用率(\%)} = \frac{\text{仓库有效使用面积}}{\text{仓库总面积}} \times 100\%$$

（4）劳动生产率

劳动生产率指标，是反映仓库人员的工作效率的指标，主要有每人平均周转价值和每人平均保管价值。其公式为：

$$\text{人均保管价值} = \frac{\text{考核期平均库存金额(万元)}}{\text{考核期内平均保管员人数(人)}}$$

$$\text{人均周转价值} = \frac{\text{考核期材料吞吐金额(万元)}}{\text{考核期内平均保管员人数(人)}}$$

（5）盘点盈亏率

盘点盈亏率指标，反映仓库在保证快进、快出、多储备、保管好的前提下，在一定限度内发生的经营性亏损。其公式为：

$$\text{盘点盈亏率(\%)} = \frac{\text{考核期内累计盈亏金额}}{\text{考核期内材料吞吐金额}} \times 100\%$$

（6）货损、货差率

货损、货差率指标，反映仓库在材料收、发、存过程中出现的损失和差错的比率。其

公式为：

$$货损差率(\%) = \frac{考核期内材料损失、差错金额}{考核期内材料吞吐金额} \times 100\%$$

（三）材料技术档案管理

材料技术档案，包括进出库材料的数量、质量、来源、库存动态、使用方向的记录资料，包括必须随实物向使用单位提供的质量、性能证明资料和使用说明书。

材料技术档案资料是工程质量检查和验收的重要依据之一，因此搞好材料技术档案管理，能促进材料管理的科学化。

存档资料应包括：材料出厂时的各种凭证、技术资料、材料入库验收记录、技术检验证件和出库凭证。

材料技术档案应一物一档。同批次、同规格、同生产厂出品者可归一档，并由专人管理。档案应统一编号并注明，以便查阅，试验资料及试验总结材料应长期保存，为今后提供参考。各种技术档案按规定妥善保管，不得丢失和任意销毁。

复习思考题

1. 基本概念：材料储备定额、经常储备、保险储备、季节储备。
2. 简述材料储备的意义、种类。
3. 影响材料储备的因素有哪些？
4. 各类材料储备之间有何关系？
5. 怎样制定材料储备定额？
6. 怎样检查、控制、考核材料储备定额？
7. 简述仓储管理的业务流程。
8. 选择仓库位置有哪些原则？
9. 材料入库验收应按什么程序操作？应检查哪些项目？
10. ABC 管理法有什么特点？
11. 简述仓库盘点的内容、方法。
12. 储备量控制有哪几种方法？
13. 仓储业务的主要考核指标有哪些？
14. 简述材料的保管、保养方法。
15. 某建筑公司某年钢材入库记录如下，次年钢材总需求量 1950t，试求经常储备定额和保险储备定额。

入库日期	10/1	12/2	21/3	8/4	20/5	10/6	20/7	9/8	14/9	25/10	16/11	20/12
入库/t	160	140	168	168	175	159	165	170	160	175	165	160

第八章　施工现场材料管理

第一节　施工现场材料管理概述

一、现场材料管理的概念

施工现场是建筑企业从事施工生产活动时，形成建筑产品的场所。占工程成本75%左右的材料费，都是在施工现场形成的。现场材料管理，指在现场施工过程中，根据工程类型、场地环境、材料保管和消耗特点，采取科学的管理办法，从材料投入到产品形成全过程进行计划、组织、指挥、协调和控制，力求保证生产需要和材料合理使用，最大限度地降低材料消耗。

二、现场材料管理的原则

现场材料应全面规划，计划进场，严格验收，合理存放，妥善保管，控制领发，监督使用，准确核算。

材料消耗过程的管理是现场材料管理的中心环节。

三、现场材料管理的阶段划分

（一）施工前的准备工作

（1）了解工程概况，调查现场环境

应在工程开工前，掌握以下情况：工程承包合同的有关规定，工程概况、工程地址及周围交通运输条件，施工设计方案、施工方法及进度情况，主要材料、机具和主要构件的需用量，资源和供应渠道，临时设施及用料情况，有关节约代用材料资源情况。

（2）参与制定现场施工平面布置规划

现场的施工平面布置规划，以施工技术部门为主组织编制，但由于材料堆场，仓库设置，道路布置是现场平面布置的重要内容，材料管理人员必须主动参加，从加强现场材料管理的要求出发，参与讨论研究，确定一个合理的方案，并注意下述问题。

1）材料堆场要以使用地点为中心，在可能的条件下，越靠近使用地点越好，避免发生二次搬运。

2）材料堆场及仓库道路的选择不能影响施工用地，以避免料场、仓库中途搬家。

3）材料堆场的容量，一是能够存放供应间隔期内的最大需用量，二是要方便施工。

4）材料堆场，场地要平整，设排水沟，不积水。特别是构件堆放场地要夯实。

5）现场临时仓库还要符合防火、防雨、防潮和保管的要求。

6）现场运输道路要坚实，循环畅通、有回转余地。雨季施工要有排水措施。

7）在现场淋制石灰的灰池，要避开施工道路和材料堆场，最好设在现场边沿为宜。

（3）计算材料用量，编制材料计划

根据施工进度计划，资源供应条件编制各类材料计划，并按计划要求落实货源。

（二）施工阶段的现场材料管理工作

（1）建立健全现场管理的责任制，划区分片、包干负责，定期组织检查和考核。

（2）加强现场平面布置的管理，根据不同的施工阶段，材料消耗的变化，合理调整堆料位置，减少二次搬运，方便施工。

（3）掌握施工进度，及时掌握用料信息，正确组织材料进场，保证施工需要。

（4）所用材料和构件，严格按照施工平面图堆放整齐，经常保持堆料场地清洁整齐。

（5）认真执行材料、构件的验收、发放、退料和回收制度。建立健全原始记录和各种材料统计台账，按月组织材料盘点，抓好业务核算。

（6）认真执行限额领料制度，监督和控制使用材料，加强检查，定期考核，努力降低材料的消耗。

（三）工程收尾阶段的现场材料管理

工程竣工收尾和施工现场转移的管理是指工程已完成总量的70%以后，即进入收尾阶段，必须做好施工转移的准备工作。搞好工程收尾，有利于施工力量迅速向新的工程转移。应该注意以下几个问题：

（1）当一个工程的主要分项工程（指结构、装修）接近收尾时，一般是材料已使用了70%以上，要检查现场存料，估计未完工程用料，在平衡的基础上，调整原用料计划，控制进料，以防产生剩料积压，为工程完、场地清创造条件。

（2）对不再使用的临时设施可以提前拆除，并充分考虑旧料的重复利用，节约建设费用。

（3）对施工现场的建筑垃圾，如筛漏、碎砖等，要及时轧细过筛使用，确实不能利用的废料，要随时进行处理。

（4）对于设计变更造成的多余材料，以及不再使用的周转材料要随时组织退库，以利于竣工拔点，及时转移。

（5）做好材料收发存的总结算工作，办清材料核销手续，进行材料决算和材料预算的对比。考核单位工程材料消耗的节约和浪费，并分析其原因，找出经验和教训，以改进材料供应与管理工作。

（6）编写施工项目材料工作报告。对施工项目的材料供应与管理工作进行全面分析与总结。

《施工现场材料管理制度》见附件。

附件：

施工现场材料管理制度

为了保证工程质量和施工现场材料安全，减少材料耗费，充分利用资源，杜绝不合格材料用于工程建设，做到及时、按质按量供应材料，特制定本制度。

一、施工现场材料准备制度

（一）施工前的准备工作

1. 了解工程概况，调查现场环境。

应在工程开工前，掌握以下情况：工程协议的有关规定，工程概况、工程地址及周围交通运输条件，施工设计方案、施工方法及进度情况，主要材料、机具和主要构件的需用量，资源和供应渠道，临时设施及用料情况，有关节约代用材料资源情况。

2. 参与制定现场施工平面布置规划。

现场的施工平面布置规划，以施工技术部门为主组织编制，但由于材料堆场，仓库设置，道路布置是现场平面布置的重要内容，材料管理人员必须主动参加，从加强现场材料管理的要求出发，参与讨论研究，确定一个合理的方案，并注意下述问题：

（1）现场材料堆放位置要考虑到施工高峰期容易堆放材料。

（2）料场料库等临时设施、道路、排水沟、高压电线等要统筹安排布置。

（3）材料堆场要以使用地点为中心，在可能的条件下，越靠近使用地点越好，避免发生二次搬运。

（4）材料堆场及仓库道路的选择不能影响施工用地，以避免料场、仓库中途搬家。

（5）材料堆场的容量，一是能够存放供应间隔期内的最大需用量，二是要方便施工。

（6）材料堆场，场地要平整，设排水沟，不积水。特别是构件堆放场地要夯实。

（7）现场临时仓库还要符合防火、防雨、防潮和保管的要求。

（8）现场运输道路要坚实，循环畅通、有回转余地。雨季施工要有排水措施。

（9）在现场淋制石灰的灰池，要避开施工道路和材料堆场，最好设在现场边沿。

（二）施工过程中的组织管理

1. 建立健全施工现场管理责任制，划分片区，包干负责，定期组织检查和考核。

2. 加强施工现场平面布置的管理。根据不同施工阶段的材料消耗变化，合理调整材料堆放位置，减少二次搬运，方便施工。

3. 随时掌握施工进度及用料信息，做好平衡调剂，制订严密可靠的材料计划，正确组织材料进场，保证施工需要。

二、材料验收制度

1. 工地材料员（或仓库保管员）应对施工现场进库的材料、工具、构配件的质量、规格型号、数量进行认真检查，办理验收手续——填写验收单，验收合格才能入库。

2. 大堆材料应按施工平面图堆放；标砖等应按顺序堆放，方便清点数目。

3. 钢材进场应检查出厂合格证，有合格证才能进场。钢材进场后按品种、规格、型号码放整齐。

4. 水泥进场应检查出厂合格证，有合格证才能进场。按水泥的品种分别放入袋装水泥库、散装水泥库。

5. 预制构件、门窗及其他材料进场时，应会同有关部门和人员对其外观尺寸、规格、数量等进行核实验收。

6. 对不符合质量要求的材料、构配件等，材料人员有权拒绝验收，提出处理意见。对数量不足的，材料人员应书面告知对方。

三、贵重物品、易燃易爆物品管理制度

1. 贵重物品、易燃易爆物品、易腐蚀物品应指定专人负责，制定严格的限额领料、退料制度。

2. 存放贵重物品、易燃易爆物品、易腐蚀物品的仓库必须与其他房屋、交通要道、高压电线等保持安全距离。

3. 库内要有良好的通风条件，设置温度表、湿度表，配备消防设备，设置“严禁烟火”等标志。

四、工具用具管理制度

1. 通用工具的配发，由项目部按专业工种一次性配发给班组，由班组按使用期限包干使用。

2. 材料部门应建立班组领用工具台账或卡片账，通用工具由班组负责管理和使用。

3. 通用工具在使用期限内的修理费用由班组负责控制，超过规定标准的费用从班组工资中解决。

4. 配发给各专业班组或个人的工具，一律不再无偿补发，维修、购置或租赁的费用自理。

5. 工人工作调动需交回配发的全部工具，不交回者按原价计入个人支出账目。

6. 特殊工程需用特种工具，由项目工程技术人员提出计划，经主管领导批准，由材料部门采购提供，并建立工具账卡，工程完工后及时回收。

五、限额领料制度

1. 严格执行班组领料制度，做到领料有手续，发料有依据。

2. 领料时应出示工长签发的领料单，材料员应在额度范围内发料，按规定办理材料出库并及时记录，月末结算。

3. 在施工过程中节约的材料应及时办理退料入库的手续。

4. 在领退料时，双方必须严格办理相关手续，注明用料工程和班组、材料名称、规格、数量、出库日期，双方签字认证。

5. 限额领料的范围：水泥，油漆，钢筋，装饰材料，五金等。

六、材料节约制度

1. 坚持实事求是的原则，提高计划的准确性，防止因计划不周造成积压、浪费的现象发生。

2. 坚持勤俭节约，反对浪费的原则，对节约材料进行奖励，对浪费材料进行处罚，做到奖惩分明。

3. 坚持计划的严肃性和灵活性相结合的原则。

4. 计量工作的管理，对进入现场的材料加强验收保管工作，减少因人为因素、自然因素、装卸不当造成的浪费。

5. 按施工平面图的布置合理堆放材料，防止因堆放不合理造成的损失。

6. 严格执行限额领料制度，避免只干不算或先干后算。

7. 加强现场材料管理，严禁大材小用，优材劣用，长材短用。

8. 对周转材料要合理使用。

9. 现场要对材料进行回收利用。

第二节　现场材料管理的内容

一、现场材料的验收和保管

（一）现场材料进场验收要求

（1）根据现场平面布置图，认真做好材料的堆放和临时仓库的搭设，要求做到有利于材料的进出和存放，方便施工，避免和减少二次搬运。

（2）在材料进场时，根据进料计划、送料凭证、质量保证书或材质证明（包括厂名、品种、出厂日期、出厂编号、试验数据等）和产品合格证，进行数量验收和质量确认，做好验收记录，办理验收手续。

（3）材料的质量验收工作，要按质量验收规范和计量检测规定进行，严格执行验品种、验型号、验质量、验数量、验证件制度。

（4）要求复检的材料要有取样送检证明报告；新材料未经试验鉴定，不得用于工程中；现场配制的材料应经试配，使用前应签证和批准。

（5）材料的计量设备必须经具有资格的机构定期检验，确保计量所需的精确度，不合格的检验设备不允许使用。

（6）对不符合计划要求或质量不合格的材料，应更换、退货或降级使用，严禁使用不合格的材料。

（二）现场材料储存保管要求

（1）材料需验收后入库，按型号、品种分区堆放，并编号、标识、建立台账。

（2）材料仓库或现场堆放的材料必须有必要的防火、防雨、防潮、防盗、防风、防变质、防损坏等措施。

（3）易燃易爆、有毒等危险品材料，应专门存放，设专人负责保管，并有严格的安全措施。

（4）有保质期要求的材料应做好标识，定期检查，防止过期。

（5）现场材料要按平面布置图定位放置，有保管措施，符合堆放保管制度。

（6）对材料要做到日清、月结、定期盘点、账物相符。

（三）材料验收的一般性工作内容和方法

现场材料验收是材料进入施工现场的重要关口，应把好验收关。现场材料验收工作发生在施工全过程。

（1）验收准备

1）场地和设施的准备：料具进场前，根据用料计划、施工平面图、《物资保管规程》及现场场容管理要求，进行存料场地及设施准备。场地应平整、夯实，并按需要建棚、建库。

2）苫垫物品的准备：对进场露天存放、需要苫垫的材料，在进场前要按照《物资保管规程》的要求，准备好充足适用的苫垫物品，确保验收后的料具做到妥善保管，避免损坏变质。

3）计量器具的准备：根据不同材料计量特点，在材料进场前配齐所需的计量器具，确保验收顺利进行。

4）有关资料的准备：包括用料计划、加工合同、翻样、配套表及有关材料的质量标准；砂石沉陷率、运输途耗规定等。

（2）核对凭证：确认应收材料，凡无进料凭证和经确认不属于应收的材料不办理验收，并及时通知有关部门处理。进料凭证一般包括运输单、出库单、调拨单或发票。

（3）质量验收：现场材料的质量验收，由于受客观条件所限，主要通过目测对料具外观的检查和材质性能证件的检验。材料外观检验，应检验材料的规格、型号、尺寸、颜色、方正及完整，做好检验记录。凡专用、特殊及加工制品的外观检验，应根据加工合同、图纸及翻样资料，会同有关部门进行质量验收并做好记录。

（4）数量验收：现场材料数量验收一般采取点数、称重、检尺的方法，对分批进场的材料要做好分次验收记录，对超过磅差的应通知有关部门处理。

（5）验收手续：经核对质量、数量无误后，可以办理验收手续。验收手续根据不同情况采取不同形式。一般由收料人依据来料凭证和实收数量填写收料单；有些材料由收料人依据供方提供的调拨单直接填写实际验收数量并签字；属于多次进料最后结算办理验收手续的，如大堆材料，则由收料人依据分次进料凭证、验收记录核对结算凭证或填写验收单或在供方提供的调拨单上签认。

由于结算期延长或部分结算凭证不全不能及时办理验收，影响使用时，可办理暂估验收，依据实际验收数量填写暂估验收单，待正式办理验收后冲回暂估数量。

（6）验收问题的处理：进场材料若发生品种、规格、质量不符时应及时通知有关部门及时退料，若发生数量不符时应与有关部门协商办理索赔和退料。

二、几项主要材料的验收保管方法

（一）水泥

水泥的验收工作从以下几方面进行。

（1）水泥的外观验收

水泥的包装和标志在国家标准中都作了明确的规定，水泥袋上应清楚标明产品名称、代号、净含量、强度等级、生产许可证编号、生产者名称和地址、出厂编号、执行标准号及包装年、月、日等。外包装上印刷体的颜色也作了具体规定，如硅酸盐水泥和普通水泥的印刷采用红色，矿渣水泥采用绿色，火山灰和粉煤灰水泥采用黑色。

（2）水泥质量验收

1）大厂水泥以出厂质量保证书为凭，进场时要查验单据上水泥品种、标号与水泥袋上印的标志是否一致，不一致的应分开码放，待进一步查清。

2）检查水泥出厂日期是否超过规定时间，超过的要另行处理。

3）有两个单位同时到货时，应详细验收，分别码放，防止品种不同而混杂使用。小厂水泥，由于受生产条件的限制，性能不稳定，这类水泥即使有出厂质量合格证明，但为了严格质量管理，还需要按规定取样送检，经试验安定性合格后方可使用。

水泥的质量验收是抽取实物试样，检验水泥的各项技术性质是否与国家标准的具体规定相符合。所有项目均符合标准规定的水泥为合格品，若有某些技术性质与国家标准不相符合，则为不合格品或废品。具体规定如下：

①不合格品。凡细度、终凝时间、不溶物、烧失量以及混合材料掺量中的任何一项不

符合标准规定者，或强度低于该品种水泥强度等级规定者，均为不合格品。另外，水泥包装标志中水泥品种、强度等级、生产厂名称和地址、出厂编号不全者也为不合格品。

②废品。凡氧化镁、三氧化硫含量、初凝时间、体积安定性中任何一项不符合标准规定者，或强度低于该品种水泥最低强度等级规定者，均为废品。

通用水泥按标准（JC/T 452—1997）的规定划分为优等品、一等品和合格品三个质量等级。各质量等级的技术指标应符合表 8-1 的规定。

表 8-1　通用水泥的质量等级

水泥品种	优等品		一等品		合格品
	硅酸盐水泥 复合水泥 石灰石硅酸盐水泥	矿渣水泥 火山灰水泥 粉煤灰水泥	硅酸盐水泥 复合水泥 石灰石硅酸盐水泥	矿渣水泥 火山灰水泥 粉煤灰水泥	通用水泥 各品种
抗压强度/MPa					
3d≥	32.0	28.0	26.0	22.0	
28d≥	56.0	56.0	46.0	46.0	
28d≤	$1.1\overline{R}$	$1.1\overline{R}$	$1.1\overline{R}$	$1.1\overline{R}$	
终凝时间/h	≤6.5	≤6.5	≤6.5	≤8.0	

注：$\overline{R}$为同品种同强度等级水泥的 28d 抗压强度上月平均值。

（3）水泥数量验收

袋装水泥在车上或卸入仓库后点袋计数，同时对水泥要实行抽检，以防每袋重量不足。袋破的要灌袋计数并过秤，防止重量不足而影响混凝土和砂浆强度而造成质量事故。罐车运送的散装水泥，可按出厂秤码单计量净重，但要注意卸车时要卸净，检查的方法是看罐车上的压力表是否为零以及拆下的泵管是否有水泥。压力表为零、管口无水泥即表明卸净，对怀疑重量不足的车辆，可采取单独存放，进行检查。

水泥的数量验收也是根据国家标准的规定进行。国家标准规定：袋装水泥每袋净含量 50kg，且不得少于标志质量的 98%。随机抽取 20 袋总净质量不得少于 1 000kg。

（4）水泥的合理码放

水泥应入库保管。仓库地坪要高出室外地面 20～30cm，四周墙地面要有防潮措施，码垛时一般码放 10 袋，最高不得超过 15 袋。不同品种、标号和日期要分开码放，并挂牌标明。

如遇特殊情况，水泥需在露天临时存放时，必须有足够的遮垫措施。做到防水、防雨、防潮。散水泥要有固定的容器，既能用自卸汽车进料，又能人工出料。

（5）水泥的保管

水泥储存时间不能太长，出厂后超过 3 个月的水泥，要及时抽样检查，经化验后按重新确定的标号使用，如有硬化的水泥，须经处理后降级使用。水泥应避免与石灰、石膏以及其他易于飞扬的粒状材料同存，以防混杂，影响质量。包装如有损坏，应及时更换以免散失。水泥库房要经常保持清洁，落地灰及时清理、收集、灌装，并应另行收存使用。根据使用情况安排好进料和发料的连接，严格遵守先进先发的原则，防止发生长时间不动的死角。

（6）水泥进场后的保管应注意以下问题

1）不同生产厂家、不同品种、不同强度等级和不同出厂日期的水泥应分别堆放，不得混存混放，更不能混合使用。

2）水泥的吸湿性大，在储存和保管时必须注意防潮防水。临时存放的水泥要做好上盖下垫，必要时盖上塑料薄膜或防雨布，下垫高离地面或墙面至少200mm以上。

3）存放袋装水泥，堆垛不宜太高，一般以10袋为宜，太高会使底层水泥过重而造成袋包装破裂，使水泥受潮结块。如果储存期较短或场地太狭窄，堆垛可以适当加高，但最多不宜超过15袋。

4）水泥储存时要合理安排库内出入通道和堆垛位置，以使水泥能够实行先进先出的发放原则。避免部分水泥因长期积压在不易运出的角落里，造成受潮而变质。

5）水泥储存期不宜过长，以免受潮变质或引起强度降低。储存期按出厂日期起算，一般水泥为三个月，铝酸盐水泥为两个月，快硬水泥和快凝快硬水泥为一个月。水泥超过储存期必须重新检验，根据检验的结果决定是否继续使用或降低强度等级使用。

水泥在储存过程中易吸收空气中的水分而受潮，水泥受潮以后，多出现结块现象，而且烧失量增加，强度降低。对水泥受潮程度的鉴别和处理如表8-2所示。

表8-2　受潮水泥的简易鉴别和处理方法

受潮程度	水泥外观	手　感	强度降低	处理方法
轻微受潮	水泥新鲜，有流动性，肉眼观察完全呈细粉	用手捏碾无硬粒	强度降低不超过5%	使用不改变
开始受潮	水泥凝有小球粒，但易散成粉末	用手捏碾无硬粒	强度降低5%以下	用于要求不严格的工程部位
受潮加重	水泥细度变粗，有大量小球粒和松块	用手捏碾，球粒可成细粉，无硬粒	强度降低15%～20%	将松块压成粉末，降低强度用于要求不严格的工程部位
受潮较重	水泥结成粒块，有少量硬块，但硬块较松，容易击碎	用手捏碾，不能变成粉末，有硬粒	强度降低30%～50%	用筛子筛去硬粒、硬块，降低强度用于要求较低的工程部位
严重受潮	水泥中有许多硬粒、硬块，难以压碎	用手捏碾不动	强度降低50%以上	不能用于工程中

（二）木材

（1）木材质量验收

木材的质量验收包括材种验收和等级的验收。木材的品种很多，首先要辨认材料品种及规格是否符合。对照木材质量标准，查验其腐朽、弯曲、钝棱、活死节、裂纹以及斜纹等缺陷是否与标准规定的等级相符。

（2）木材数量验收

木材的数量以材积表示，要按规定方法进行检尺，按材积表查定材积，也可按公式算得，如板材或方材的材积计算公式为：

$$V(\mathrm{m}^3)=\frac{宽(\mathrm{cm})\times 厚(\mathrm{cm})\times 长(\mathrm{m})}{10\ 000}$$

原条的材积计算公式为：

$$V = \frac{\pi}{4} \times D^2 L \times \frac{1}{10\ 000}$$

式中 V——木材材积，m^3；

π——圆周率；

L——原条的检尺长度，m；

D——卡度中心位置的断面直径，cm。

（3）木材的保管

木材应按材种及规格等不同码放，要便于抽取和保持通风，板、方材的垛顶部要遮盖，以防日晒雨淋。经过烘干处理的木材，应放进仓库。

木材干燥、水分蒸发不一致，常常容易干裂。因此，应避免日光直接照射。可采用狭而薄的衬条，或用隐头堆积，或在端头设置遮阳板。木材存料场地要高，通风要好，清除腐木、杂草和污物。必要时用5%的漂白粉溶液喷洒。

（三）钢材

（1）建筑钢材的分类

建筑钢材按化学成分可分为碳素结构钢和合金钢。碳素结构钢按其含碳量又分为低碳钢、中碳钢和高碳钢。建筑工程中使用最多的是低碳钢（即含碳量小于0.25%的钢）。合金钢按合金元素的总量分为低合金钢、中合金钢和高合金钢。建筑工程中使用最多的是低合金高强度结构钢（即合金元素总量小于5%的钢）。

1）碳素结构钢：碳素结构钢的化学成分主要是铁，其次是碳，其含碳量在0.02%～2.06%。

①牌号碳素结构钢以屈服强度将其划分为五个牌号，即Q195、Q215、Q235、Q255、Q275，各牌号钢又按其硫磷含量由多到少分为A、B、C、D四个质量等级，碳素结构钢的牌号表示是按顺序由代表屈服点的字母Q、屈服点数值（MPa）、质量等级符号（A、B、C、D）、脱氧程度符号（F、b、Z、ZT）四部分组成。其中脱氧符号“F”表示沸腾钢、“b”表示半镇静钢、“Z”表示镇静钢、“ZT”表示特殊镇静钢。当为镇静钢或特殊镇静钢时，“Z”与“ZT”允许省略。例如：Q235—A.F，它表示屈服点为235MPa的A级沸腾结构钢。

②力学性能常用碳素结构钢要求具有良好的力学性能和优良的焊接性能，其力学性能应符合表8-3的规定。

表8-3　碳素结构钢的力学性能

牌号	等级	拉伸试验												
		钢材厚度 d/mm						抗拉强度 σ_b/MPa 不小于	钢材厚度 d/mm					
		≤16	16～40	40～60	60～100	100～150	>150		≤16	16～40	40～60	60～100	100～150	>150
		屈服点 σ_s/MPa 不小于							伸长率 δ_s/% 不小于					
Q215	A B	215	205	190	185	175	165	335～450	31	30	29	28	27	26
Q235	A B C D	235	225	215	205	195	185	375～500	26	25	24	23	22	21

由表8-3可见，随着钢材牌号的增大，对钢材的强度要求就越大，对伸长率的要求降低。

③冷弯性能常用碳素结构钢冷弯试验的弯心直径应符合表8-4的规定。

2）低合金高强度结构钢：低合金高强度结构钢具有强度高、塑性好、低温冲击韧性好、耐锈蚀等特点。

表8-4　碳素结构钢的冷弯性能

牌号	试样方向	冷弯 180°		
		钢材厚度 d/mm		
		≤60	>60～100	>100～200
		弯心直径 d		
Q215	纵 横	0.5a a	1.5a 2a	2a 2.5a
Q235	纵 横	a 1.5a	2a 2.5a	2.5a 3a

①牌号。低合金高强度结构钢的牌号由代表钢材屈服强度字母Q、屈服点数值（MPa）、质量等级符号（A、B、C、D、E）三个部分按顺序组成。例如：Q295A表示屈服强度不小于295MPa的质量等级为A级的低合金高强度结构钢。用低合金高强度结构钢代替碳素结构钢Q235可节约钢材15%～25%，并减轻了结构的自重。

②力学性能。常用低合金高强度结构钢要求具有良好的力学性能，其力学性能应符合表8-5规定。

表8-5　低合金高强度结构钢的拉伸性能

牌号	质量等级	厚度 d/mm				抗拉强度 σ_b/MPa（≥）	伸长率 δ_s/%（≥）
		≤16	>16～35	>35～50	>50～100		
		屈服点 σ_s/MPa（≥）					
Q295	A B	295	275	255	235	390～570	23
Q345	A B C D E	345	325	295	275	470～630	21 21 22 22 22
Q395	A B C D E	390	370	350	330	490～650	19 19 20 20 20

③冷弯性能。常用低合金高强度结构钢冷弯试验的弯心直径应符合表8-6的规定。

表8-6 低合金高强度结构钢冷弯性能

牌　号	质量等级	冷弯180°（d为弯心直径；a为试件厚度）	
		钢材厚度或直径/mm	
		≤16	>16～100
Q295	A B	$d=2a$	$d=3a$
Q345	A B C D E	$d=2a$	$d=3a$
Q390	A B C D E	$d=2a$	$d=3a$

3）钢筋：钢筋是由轧钢厂将炼钢厂生产的钢锭经专用设备和工艺制成的条状材料。在钢筋混凝土和预应力混凝土中，钢筋属于隐蔽材料，其品质优劣对工程质量影响很大。钢筋抗拉能力强，在混凝土中加入钢筋，使钢筋和混凝土黏结成一整体，形成钢筋混凝土构件，就能弥补混凝土的不足。

我国的钢筋用量非常大，虽然国家已采取了很多管理措施，但对钢筋的制劣、售劣、用劣的行为并未得到根本性的解决。全国目前仍有数百家无生产许可证而生产带肋钢筋的小企业，其中有一些企业还在用“地条钢”坯轧制带肋钢筋，每年有上百万吨不合格钢筋流入市场，假冒伪劣钢筋会给建筑工程的质量带来重大的安全隐患，而且劣质钢筋不讲工艺、质量，低价抛售后，还严重影响正常的市场经营秩序，给国家钢铁总量控制、调整产品结构、促进产品质量的提高带来严重的冲击。所以从事建筑施工管理的人员均应加强防范，防止假冒伪劣的不合格钢筋进入建筑施工现场。

①钢筋牌号。钢筋的牌号不仅表明钢筋的品种，而且还可以大致判断其质量。

按钢筋牌号分类，钢筋主要分为：HPB235、HRB335、HRB400、HRB500、CRB550等。

牌号中的HPB分别为热轧、光圆、钢筋三个词的英文第一个字母，后面的数值表示钢筋屈服强度的最小值；

牌号中的HRB分别为热轧、带肋、钢筋三个词的英文第一个字母，后面的数值表示钢筋屈服强度的最小值；

牌号中的CRB分别为冷轧、带肋、钢筋三个词的英文第一个字母，后面的数值表示钢筋抗拉强度的最小值。

②工程中常用的钢筋。工程中常用的钢筋品种有钢筋混凝土热轧钢筋（光圆、带肋）、低碳钢热轧圆盘条、冷轧带肋钢筋、余热处理钢筋等。建筑工程所用的钢筋必须与

设计相符，并能满足产品标准要求。

a. 钢筋混凝土用热轧光圆钢筋

热轧光圆钢筋是经热轧成型并自然冷却而成的横截面为圆形，且表面光滑的钢筋混凝土配筋用钢材，其钢种为碳素结构钢，钢筋牌号为 HPB235。该钢筋适用于作为非预应力钢筋、箍筋、构造筋、吊钩等。热轧光圆钢筋的直径范围为 8 ~ 20mm。

b. 钢筋混凝土用热轧带肋钢筋

钢筋混凝土用热轧带肋钢筋是用低合金高强度结构钢轧制而成的条形钢筋，通常有 2 道纵肋和沿长度方向均匀分布的横肋，按肋纹的形状双分为月牙肋和等高肋。由于表面肋的作用，与混凝土之间的黏结力很强，因而能更好地承受外力作用，适用于作为非预应力钢筋、构造筋。热轧带肋钢筋的直径范围为 6 ~ 50mm。

c. 低碳钢热轧圆盘条

热轧圆盘条是热轧型钢中截面尺寸中最小的一种，大多通过卷线机卷成盘卷供应，故称盘条或盘圆。低碳钢热轧圆盘条由屈服强度较低的碳素结构钢轧制，是目前用量最大、使用最广的线材，适用于非预应力钢筋、箍筋、构造筋、吊钩等。热轧圆盘条又是冷拔低碳钢丝的主要原材料。热轧圆盘条的直径范围为 5. 5 ~ 14. 0mm。

d. 冷轧带肋钢筋

冷轧带肋钢筋是以碳素结构钢或低合金热轧圆盘条为母材，经冷轧或冷拔减小直径后在其表面冷轧成三面或二面有肋的钢筋，提高了钢筋与混凝土之间的黏结力。适用于作为小型预制构件的预应力钢筋、箍筋、构造筋、网片等。与热轧圆盘条相比较，冷轧带肋钢筋的强度提高了 17% 左右。冷轧带肋钢筋的直径范围为 4 ~ 12mm。

e. 余热处理钢筋

钢筋混凝土用余热处理钢筋是用低合金高强度结构钢经热轧后立即穿水，进行表面控制冷却，然后利用芯部余热自身完成回火处理而得到的钢筋。余热钢筋的性能均匀，晶粒细小，在保证良好塑性、焊接性能的条件下，屈服点提高 10% 左右，用作钢筋混凝土结构的非预应力钢筋、箍筋、构造筋，可节约材料并提高构件的安全可靠性。余热处理月牙钢筋的级别为Ⅲ级，强度等级代号为 KL400（其中 K 表示控制）。余热处理钢筋的直径范围为 8 ~ 40mm。

4）型钢：建筑工程中的主要承重结构，常使用各种规格的型钢，来组成各种形式的钢结构。钢结构常用的型钢有圆钢、方钢、扁钢、工字钢、槽钢、角钢等。型钢由于截面形式合理，材料在截面上的分布对受力有利，且构件间的连接方便。所以，型钢是钢结构中采用的主要钢材。钢结构用钢的钢种和牌号，主要根据结构的重要性、荷载特征、结构形式、应力状态、连接方法、钢材厚度和工作环境等因素进行选择。对于承受动荷载或振动荷载的结构、处于低温环境的结构，应选择韧性好，脆性临界温度低的钢材。对于焊接结构应选择焊接性能好的钢材。我国钢结构用热轧型钢主要采用的是碳素结构钢和低合金高强度结构钢。

常用型钢品种及相关质量要求：

①热轧扁钢。热轧扁钢是截面为矩形并稍带钝边的长条钢材，主要由碳素结构钢或低合金高强度结构钢制成。其规格以厚度的毫米数 × 宽度的毫米数表示。如“4 ×25”，即表示厚度为 4mm，宽度为 25mm 的扁钢。在建筑工程中多用于一般结构构件，如连接板、

栅栏、楼梯扶手等。

扁钢的截面为矩形，其厚度为 3 ~ 60mm，宽度为 10 ~ 150mm。

扁钢的截面尺寸、允许偏差应符合表 8-7 的规定。

表 8-7　扁钢尺寸允许偏差

<table>
<tr><th colspan="3">宽　度</th><th colspan="3">厚　度</th></tr>
<tr><th rowspan="2">尺　寸</th><th colspan="2">允许偏差/mm</th><th rowspan="2">尺　寸</th><th colspan="2">允许偏差/mm</th></tr>
<tr><th>普通级</th><th>较高级</th><th>普通级</th><th>较高级</th></tr>
<tr><td>10 ~ 50</td><td>+0.5
-1.0</td><td>+0.3
-0.9</td><td rowspan="2">3 ~ 16</td><td rowspan="2">+0.3
-0.5</td><td rowspan="2">+0.2
-0.4</td></tr>
<tr><td>>50 ~ 75</td><td>+0.6
-1.3</td><td>+0.4
-1.2</td></tr>
<tr><td>>75 ~ 100</td><td>+0.9
-1.8</td><td>+0.7
-1.7</td><td rowspan="2">>16 ~ 60</td><td rowspan="2">+1.5%
-3.0%</td><td rowspan="2">+1.0%
-2.5%</td></tr>
<tr><td>>100 ~ 150</td><td>+1.0%
-2.0%</td><td>+0.8%
-1.8%</td></tr>
</table>

②热轧工字钢。热轧工字钢也称钢梁，是截面为工字形的长条钢材，主要由碳素结构钢轧制而成。其规格以腰高（h）×腿宽(b)×腰厚(d)的毫米数表示，如“工 160 × 88 × 6”，即表示腰高为 160mm，腿宽为 88mm，腰厚为 6mm 的工字钢。工字钢的规格也可用型号表示，型号表示腰高的厘米数，如工 16 号。腰高相同的工字钢，如有几种不同的腿宽和腰厚，需在型号右边加 a、b、c 以区别，如 32a、32b、32c 等。热轧工字钢的规格范围为 10 号 ~ 63 号。工字钢广泛用于各种建筑钢结构和桥梁，主要用在承受横向弯曲的杆件。

热轧工字钢的高度 h、腿宽度 b、腰厚度 d 尺寸允许偏差应符合表 8-8 的规定。

表 8-8　热轧工字钢尺寸允许偏差

<table>
<tr><th rowspan="2">型　号</th><th colspan="3">允许偏差/mm</th></tr>
<tr><th>高度 h</th><th>腿宽度 b</th><th>腰厚度 d</th></tr>
<tr><td>≤14</td><td rowspan="2">±2.0</td><td>±2.0</td><td rowspan="2">±0.5</td></tr>
<tr><td>>14 ~ 18</td><td>±2.5</td></tr>
<tr><td>>18 ~ 30</td><td rowspan="2">±3.0</td><td>±3.0</td><td>±0.7</td></tr>
<tr><td>>30 ~ 40</td><td>±3.5</td><td>±0.8</td></tr>
<tr><td>>40 ~ 63</td><td>±4.0</td><td>±4.0</td><td>±0.9</td></tr>
</table>

③热轧槽钢。热轧槽钢是截面为凹槽形的长条钢材，主要由碳素结构钢轧制而成。其规格表示方法同工字钢。如 120 × 53 × 5，表示腰高为 120mm，腿宽为 53mm，腰厚为 5mm 的槽钢，或称 12 号槽钢。腰高相同的槽钢，如有几种不同的腿宽和腰厚，也需在型号右边加 a、b、c 以区别，如 25a、25b、25c 等。热轧槽钢的规格范围为 5 号 ~ 40 号。

槽钢主要用于建筑钢结构，30 号以上可用于桥梁结构做受力杆件，也可做工业厂房的梁、柱等构件。槽钢常与工字钢配合使用。

热轧槽钢的高度 h、腿宽度 b、腰厚度 d 尺寸允许偏差应符合表 8-9 的规定。

表 8-9 热轧槽钢尺寸允许偏差

型号	允许偏差/mm		
	高度 h	腿宽度 b	腰厚度 d
5～8	±1.5	±1.5	±0.4
>8～14	±2.5	±2.0	±0.5
>14～18		±2.5	±0.6
>18～30	±3.0	±3.0	±0.7
>30～40		±3.5	±0.8

④热轧等边角钢。热轧等边角钢是两边相互垂直成角形的长条钢，主要由碳素结构钢轧制而成。其规格以边宽×边宽×边厚的毫米数表示。如 30×30×3，即表示边宽为 30mm，边厚为 3mm 的等边角钢。也可用型号表示，型号是边宽的厘米数，如 3 号。型号不表示同一型号中不同边厚的尺寸，因而需将角钢的边宽、边厚尺寸填写齐全，避免单独用型号表示。热轧等边角钢的规格为 2 号～20 号。

热轧等边角钢可按结构的不同需要组成各种不同的受力构件，也可做构件之间的连接件。广泛用于各种建筑结构。

等边角钢的边宽度 b、边厚度 d 尺寸允许偏差应符合表 8-10 的规定。

表 8-10 等边角钢尺寸允许偏差

型号	允许偏差/mm	
	边宽度 b	边厚度 d
2～5.6	±0.8	±0.4
6.3～9	±1.2	±0.6
10～14	±1.8	±0.7
16～20	±2.5	±1.0

（2）建筑钢材验收的基本要求

建筑钢材从钢厂到施工现场经过了许多环节，建筑钢材的检验验收是质量管理中必不可少的环节。建筑钢材必须按批进行验收，并达到其基本要求。

1）订货和发货资料应与实物一致：检查发货码单和质量证明书内容是否与建筑钢材标牌、标志上内容相符。对于钢筋混凝土用热轧带肋钢筋、冷轧带肋钢筋和预应力混凝土用钢丝、钢棒、钢铰线必须检查其是否有《全国工业产品生产许可证》，该由国家质量监督检验检疫总局颁发，证书上印有国徽，有效期不超过 5 年。对符合生产许可证申报条件的企业，由各省市的工业产品生产许可证办公室先发放《行政许可受理决定书》，并自受理企业申请之日起 60 日内，作出是否准予许可的决定。为了打假治劣，保证重点建筑钢材的质量，国家将热轧带肋钢筋、冷轧带肋钢筋和预应力混凝土用钢丝、钢棒、钢铰线划为重要工业产品，实行了生产许可证管理制度。其他类型的建筑钢材国家目前尚未发放《全国工业产品生产许可证》。

①热轧带肋钢筋生产许可证编号

【例 1】 XK05—205—×××××

XK——许可；05——冶金行业编号；205——热轧带肋钢筋产品编号；××××

×——某一特定企业生产许可证编号。

②冷轧带肋钢筋生产许可证编号

【例 2】 XK05—322—×××××

XK——许可；05——冶金行业编号；322——冷轧带肋钢筋产品编号；×××××——某一特定企业生产许可证编号。

③预应力混凝土用钢材（钢丝、钢棒、钢铰线）生产许可证编号

【例 3】 XK05—114—×××××

XK——许可；05——冶金行业编号；114——预应力混凝土用钢材（钢丝、钢棒、钢铰线）产品编号；×××××——某一特定企业生产许可证编号。

为防止施工现场带肋钢筋等产品《全国工业产品生产许可证》和产品质量证明书的造假。各单位可通过国家质量监督检验检疫总局网站（www. aqsiq. gov. cn）进行带肋钢筋等产品生产许可证获证企业的查询。

2）检查包装：除型钢外，都必须成捆交货，每捆必须用钢带、盘条或铁丝均匀捆扎结实，端面要求平齐，不得有异类钢材混装现象。

每一捆扎件上一般都拴有两个标牌，上面注明生产企业名称或厂标、牌号、规格、炉罐号、生产日期、带肋钢筋生产许可证标志和编号等内容。按照《钢筋混凝土用热轧带肋钢筋》国家标准规定，带肋钢筋生产企业都应在自己生产的热轧带肋钢筋表面轧上明显的牌号标志，并依次轧上厂名（或商标）和直径（mm）数字。钢筋牌号以阿拉伯数字表示，HRB335、HRB400、HRB500 对应的阿拉伯数字分别为 2、3、4。厂名以汉语拼音第一个字母表示。直径（mm）以阿拉伯数字表示。

【例 4】 2××16 表示牌号为 HRB335 由“某钢铁公司”生产的直径为 16mm 的热轧带肋钢筋。2××16 中，××为钢厂厂名中特征汉字的汉语拼音字头。

直径不大于 10mm 的钢筋，可不轧制标志，可采用挂牌方法。

施工单位应加强施工现场热轧带肋钢筋生产许可证、产品质量证明书、产品表面标志和产品标牌一致性检查。对热轧带肋钢筋复检时，必须截取带有产品表面标志的试件送检（例如 2CD16），并在委托检验单上如实填写生产企业名称、产品表面标志等内容，检验机构应对产品表面标志及送检单位出示的生产许可证复印件和质量证明书进行复核。不合格热轧带肋钢筋加倍复检所抽检的产品，其表面标志必须与企业先前送检的产品一致。

3）对建筑钢材质量证明书内容进行审核：质量证明书必须字迹清楚，证明书中应注明供方名称或厂标，需方名称，发货日期，合同号，标准号及水平等级，牌号，炉罐（批）号，交货状态，加工用途，重量，支数或件数，品种名称，规格尺寸（型号）和级别，标准中所规定的各项试验结果（包括参考性指标），技术监督部门印记等。

钢筋混凝土用热轧带肋钢筋的产品质量证明书上应印有生产许可证编号和该企事业产品表面标志，冷轧带肋钢筋的产品质量证明书上应印有生产许可证编号。质量证明书应加盖生产单位公章或质检部门检验专用章。若建筑钢材是通过中间供应商购买的，则质量证明书复印件上应注明购买时间、供应数量、买受人名称、质量证明书原件存放单位，在建筑钢材质量证明书复印件上必须加盖中间供应商的红色印章，并有送交人的签名。

（3）钢材质量验收

钢材质量验收分外观质量验收和内在化学成分、力学性能的验收。在外观质量验收中，

由现场材料验收人员，通过眼看，手摸，或使用简单工具，如钢刷，木棍等，检查钢材表面是否有缺陷，其具体鉴别方法参见《建筑材料》。钢材的化学成分、力学性能均应经有关部门复试，与国家标准对照后，判定其是否合格。

建筑钢材的实物质量主要是看所检的钢材是否满足规范及相关标准要求，现场所检测的建筑钢材尺寸偏差是否符合产品标准规定，外观缺陷是否在标准规定的范围内，对于建筑钢材的锈蚀现象各方也应引起足够的重视。

1）钢筋混凝土用热轧带肋钢筋：钢筋混凝土用热轧带肋钢筋的力学和冷弯性能应符合表 8-11 的规定。

表 8-11　热轧带肋钢筋力学和冷弯性能

牌号	表面状态	公称直径 /mm	屈服点 σ_s /MPa≥	抗拉强度 σ_b /MPa ≥	伸长率 δ_s/% ≥	冷弯 d：弯心直径 a：钢筋直径
HRB335	月牙肋	6～25 28～50	335	490	16	180° $d=3a$ 180° $d=4a$
HRB400		6～25 28～5	400	570	14	180° $d=4a$ 180° $d=5a$
HRB500	等高肋	6～25 28～5	500	630	12	180° $d=6a$ 180° $d=7a$

热轧带肋钢筋的力学和冷弯性能检验应按批进行。每批由同一牌号、同一炉罐号、同一规格的钢筋组成，每批重量不超过 60t。力学性能检验的项目有拉伸试验和冷弯试验两项，需要时还应进行反复弯曲试验。

①拉伸试验。每批任取两根切取两件试样进行拉伸试验。拉伸试验包括屈服点、抗拉强度和伸长率。

②冷弯试验。每批任取两根切取两件试样进行 180°冷弯试验。冷弯试验时，受弯部位外表面不得产生裂纹。

③反复弯曲。需要时，每批任取一件试样进行反复弯曲试验。

④取样规格。拉伸试样应切取 500～600mm；弯曲试样应切取 200～250mm。

各项试验检验结果符合表 8-11 的规定时，则该批热轧带肋钢筋为合格。若有一项不合格，则从同一批中再任取两倍数量的试样进行该不合格项目的复检。若仍有一项不合格，则该批钢筋为不合格。

根据规定按批检查热轧带肋钢筋的外观质量。钢筋表面不得有裂纹、结疤和折叠。钢筋表面允许有凸块，但不得超过横肋的高度，钢筋表面上其他缺陷的深度和高度不得大于所在部位尺寸的允许偏差。

根据规定应按批检查热轧带肋钢筋的尺寸偏差。钢筋的内径尺寸及其允许偏差应符合表 8-12 的规定。精确至 0. 1mm。

表 8-12　热轧带肋钢筋内径尺寸及允许偏差

公称直径 /mm	6	8	10	12	14	16	18	20	22	25	28	32	36	40	50
内径尺寸 /mm	5. 8	7. 7	9. 6	11. 5	13. 4	15. 4	17. 3	19. 3	21. 3	24. 2	27. 2	31. 0	35. 0	38. 7	48. 5
允许偏差 /mm	±0. 3	±0. 4						±0. 5			±0. 6			±0. 7	±0. 8

2）钢筋混凝土用热轧光圆钢筋：钢筋混凝土用热轧光圆钢筋的力学和冷弯性能应符合表 8-13 的规定。

表 8-13　热轧光圆钢筋力学和冷弯性能

牌　号	表面状态	公称直径/mm	屈服点 σ_s /MPa≥	抗拉强度 σ_b /MPa ≥	伸长率 δ_s/% ≥	冷弯 d：弯心直径 a：钢筋直径
HPB235	光圆	8～20	235	370	25	180° $d=a$

热轧光圆钢筋的力学和冷弯性能检验应按批进行。每批由同一牌号、同一炉罐号、同一规格的钢筋组成，每批重量不超过 60t。力学性能检验的项目有拉伸试验和冷弯试验两项。

①拉伸试验。每批任取两根切取两件试样进行拉伸试验。拉伸试验包括屈服点、抗拉强度和伸长率。

②冷弯试验。每批任取两根切取两件试样进行 180°冷弯试验。冷弯试验时，受弯部位外表面不得产生裂纹。

各项试验检验结果符合表 8-12 的规定时，则该批热轧光圆钢筋为合格。若有一项不合格，则从同一批中再任取两倍数量的试样进行该不合格项目的复检。若仍有一项不合格，则该批钢筋为不合格。

根据规定按批检查热轧光圆钢筋的外观质量。钢筋表面不得有裂纹、结疤和折叠。钢筋表面允许有凸块和其他缺陷的深度和高度不得大于所在部位尺寸的允许偏差。

根据规定应按批检查热轧光圆钢筋的尺寸偏差。热轧光圆钢筋的允许尺寸偏差不大于 ±0.4mm，不圆度不大于 0.4mm。热轧光圆钢筋的弯曲度每米不大于 4mm，总弯曲度不大于热轧光圆钢筋总长度的 0.4%。测量精确到 0.1mm。

3）低碳钢热轧圆盘条。建筑用低碳钢热轧圆盘条的力学和冷弯性能应符合表 8-14 的规定。

表 8-14　建筑用低碳钢热轧圆盘条的力学和冷弯性能

牌　　号	屈服点 σ_s /MPa ≥	抗拉强度 σ_b /MPa ≥	伸长率 δ_s/% ≥	冷弯 d：弯心直径 a：钢筋直径
Q215	215	375	27	180° $d=0.5a$
Q235	235	410	23	180° $d=0.5a$

低碳钢热轧圆盘条的力学和冷弯性能检验应按批进行。每批由同一牌号、同一炉罐号、同一规格的盘条组成，每批重量不超过 60t。力学性能检验的项目有拉伸试验和冷弯试验两项。

①拉伸试验。每批任取一件试样进行拉伸试验。拉伸试验包括屈服点、抗拉强度和伸长率。

②冷弯试验。每批在不同盘上取两件试样进行 180°冷弯试验。冷弯试验时，受弯部位外表面不得产生裂纹。

各项试验检验结果符合表 8-13 的规定时，则该批低碳钢热轧圆盘条为合格。若有一项不合格，则从同一批中再任取两倍数量的试样进行该不合格项目的复检。若仍有一项不合格，则该批低碳钢热轧圆盘条为不合格。

根据规定按批检查低碳钢热轧圆盘条的外观质量。盘条表面应光滑，不得有裂纹、耳子、结疤和折叠。盘条不得有夹杂和其他有害缺陷。

根据规定应逐盘检查低碳钢热轧圆盘条的尺寸偏差。低碳钢热轧圆盘条的直径允许偏差不大于±0.45mm，不圆度（同一截面上最大直径和最小直径之差）不大于0.45mm。测量精确到0.01mm。

4）冷轧带肋钢筋。冷轧带肋钢筋的力学和冷弯性能应符合表8-15的规定。

表8-15　冷轧带肋钢筋的力学和冷弯性能

牌　号	抗拉强度 σ_b /MPa≥	伸长率 δ_s/%　≥		弯曲试验 180°	反复弯曲（次数）
		$\delta_{s11.3}$	δ_{s100mm}		
CRB550	550	8.0		$D=3d$	—
CRB650	650	—	4.0	—	3
CRB800	800	—	4.0	—	3
CRB970	970	—	4.0	—	3
CRB1170	1 170	—	4.0	—	3

冷轧带肋钢筋的力学和冷弯性能检验应按批进行。每批由同一牌号、同一规格和同一级别的冷轧带肋钢筋组成，每批重量不超过50t。力学性能检验的项目有拉伸试验和冷弯试验。

①拉伸试验。每批任意切取500mm后切取一件试样进行拉伸试验。拉伸试验包括屈服点、抗拉强度和伸长率。

②冷弯试验。每批任取两根切取两件试样进行180°冷弯试验。冷弯试验时，受弯部位外表面不得产生裂纹。

各项试验检验结果符合表8-15的规定时，则该批冷轧带肋钢筋为合格。若有一项不合格，则从同一批中再任取双倍数量的试样进行该不合格项目的复检。若仍有一项不合格，则该批冷轧带肋钢筋为不合格。

根据规定按批检查冷轧带肋钢筋外观质量。冷轧带肋钢筋表面不得有裂纹、结疤、折叠油污及影响使用的缺陷，钢筋表面可有浮锈，但不得有锈皮及肉眼可见的麻坑等腐蚀现象。

根据规定应按批检查冷轧带肋钢筋的尺寸偏差。冷轧带肋钢筋尺寸、重量的允许偏差应符合标准规定。

5）余热处理钢筋。余热处理钢筋的力学和冷弯性能应符合表8-16的规定。

余热处理钢筋的力学和冷弯性能检验应按批进行。每批由同一牌号、同一炉罐号、同一规格的余热处理钢筋组成，每批重量不超过60t。力学性能检验的项目有拉伸试验和冷弯试验两项。

①拉伸试验。每批任取两根切取两件试样进行拉伸试验。拉伸试验包括屈服点、抗拉强度和伸长率。

②冷弯试验。每批任取两根切取两件试样进行90°冷弯试验。冷弯试验时，受弯部位

外表面不得产生裂纹。

各项试验检验结果符合表8-16的规定时，则该批余热处理钢筋为合格。若有一项不合格，则从同一批中再任取双倍数量的试样进行该不合格项目的复检。若仍有一项不合格，则该批余热处理钢筋为不合格。

表8-16 余热处理钢筋的力学和冷弯性能

强度等级代号	表面状态	公称直径/mm	屈服点 σ_s /MPa ≥	抗拉强度 σ_b /MPa ≥	伸长率 δ_s/% ≥	冷弯 d：弯心直径 a：钢筋直径
KL400	月牙肋	8～25 28～40	440	600	14	90° $d=3a$ 90° $d=4a$

根据规定按批检查余热处理钢筋的外观质量。钢筋表面不得有裂纹、结疤和折叠。钢筋表面允许有凸块，但不得超过横肋的高度，钢筋表面上其他缺陷的深度和高度不得大于所在部位尺寸的允许偏差。

根据规定应按批检查余热处理钢筋的尺寸偏差。余热处理钢筋的内径尺寸及其允许偏差应符合表8-17的规定。精确至0.1mm。

表8-17 余热处理钢筋内径尺寸及允许偏差

公称直径/mm	8	10	12	14	16	18	20	22	25	28	32	36	40
内径尺寸/mm	7.7	9.6	11.5	13.4	15.4	17.3	19.3	21.3	24.2	27.2	31.0	35.0	38.7
允许偏差/mm	±0.4						±0.5			±0.6			±0.7

6）常用型钢。型钢的规格尺寸及允许偏差应符合产品标准的要求。检查每一品种、同一规格的型钢抽查五处。

数量检验方法：用钢尺或油标卡尺测量。

若设计单位有要求，用于建设工程的型钢产品也应进行力学性能和冷弯性能的检验。

（4）钢材数量验收（检磅计重）：现场钢材数量验收，可通过称重、点件、检尺换算等几种方式验收。验收中应注意的是，称重验收可能产生误差，其误差在国家标准允许范围内，即签认送货单数量；若量差超过国家标准允许范围，则应找有关部门解决。检尺换算所得重量与称重所得重量会产生误差，特别是国产钢材其误差量可能较大。因此，供需双方应统一验收方法，当现场数量检测确实有困难时，可到供料单位监磅发料，保证进场材料数量准确。

（5）钢材的保管：建筑钢材由于质量大、长度长，运输前必须了解所运建筑钢材的长度和单捆重量，以便安排车辆和吊车。

如施工现场存放材料的场地狭小，保管设施较差。建筑钢材应按不同的品种、规格分别堆放。钢材中优质钢材，小规格钢材，如镀锌板、镀锌管、薄壁电线管等，最好入库入棚保管（特别是有精度要求的冷拉、冷拔等钢材），若条件不允许，只能露天存放时，料场应选择在地势较高而又平坦的地面，经平整、夯实、预设排水沟、安排好垛底后方可使用。为避免因潮湿环境而引起钢材表面锈蚀，雨雪季节建筑钢材要用防雨材料覆盖。

钢材在保管中必须分清品种、规格、材质，保持场地干燥，地面不积水，无污物。

施工现场堆放的建筑钢材应注明合格、不合格、在检、待检等产品质量状态，注明钢材生产企业名称、品种、规格、进场日期及数量等内容，并以醒目标识标明，施工现场应由专人负责建筑钢材的收货与发料。

（四）砂、石料

（1）资料验收

生产单位应保证出厂产品符合质量要求，产品应有质量保证书，其内容包括生产厂名及产地、质量保证书的编号、签发日期、签发人员、技术指标的检验结果。如为海砂，还应注明氯盐含量。

（2）质量验收

砂、石应按批进行质量检验，其检验批按以下确定：

1）对集中生产的，以 400m^3 或 600t 为一批；对分散生产的，以 200m^3 或 300t 为一批；不足者以一批计。

2）对产地、质量比较稳定，进料量又大时，以 1 000t 检验一次。

3）检验项目：

①石。每验收批至少应进行颗粒级配、含泥量、泥块含量、针片状颗粒含量检验。对重要工程或特别工程应根据工程要求，可增加检测项目。对其他指标有怀疑时，也应检验。石颗粒级配应理想，粒形以近似方块为好，针片状颗粒不得超过 25%，在大于 C30 混凝土中，不得超过 15%。注意鉴别有无风化石、石灰石混入。含泥量一般混凝土不得超过 2%，大于 C30 的混凝土，不超过 1%。砂石含泥量的外观检查，如黄砂颜色灰黑，手感发黏，抓一把能黏成团，手放开后，砂团散开，发现有粘连小块，用手指捻开小块，指上留有明显泥污的，表示含泥量过高。石子的含砂量，用手握石子摩擦后无尘土黏于手上，表示合格。

②砂。每验收批至少应进行颗粒级配、含泥量、泥块含量检验。砂颗粒坚硬洁净，黏土、泥灰、粉末等不超过 3% ~5%。如为海砂，还应检验氯离子含量。对重要工程或特别工程应根据工程要求，可增加检测项目。对其他指标有怀疑时，也应检验。

4）不合格品的处理：建筑用卵石、碎石的检验结果不符合 GB/T 14685—2001 规定指标，砂的检验结果不符合 GB/T 14684—2001 规定指标时，可根据混凝土工程的质量要求，结合具有情况，提出相应的措施，经试验证明能确保工程质量时，方可使用该石或砂拌制混凝土。

（3）砂、石料的数量验收

砂石的数量验收按运输工具不同、条件不同而采取不同方法。

①量方验收。进料后把材料做成梯形堆放在平整的地上，即做方。如图 8-1 所示。凡是有计数凭证的以发货凭证的数量为准，但要进行抽查。凡进场计数一般应在现场落地成方检查验收，也可车上检查验收。无论哪种抽查，都应考虑运输过程的下沉率。

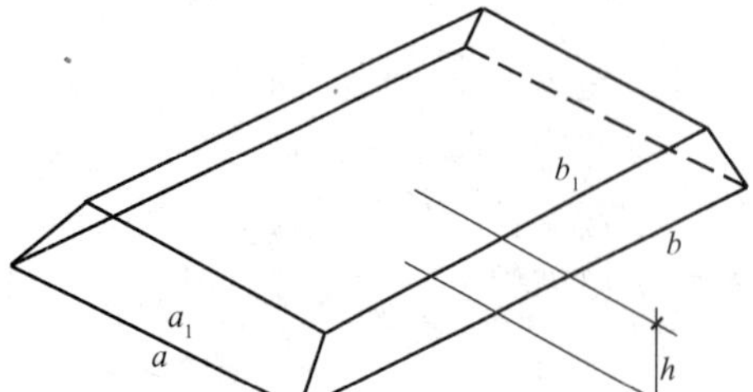

图 8-1　砂石堆码形状

成方后进行长、宽、高测量，然后计算体积：

$$V = \frac{h}{6}[a \cdot b + (a + a_1)(b + b_1) + a_1 b_1]$$

有些地区砂石料以吨为单位。因此，求出体积后，再乘上相应的堆积密度，得出吨数。

【例5】 已知砂的堆积密度为1.33t/m³，量得梯形体各边长宽及高度为：$a=2\text{m}$、$a_1=3\text{m}$、$b=4\text{m}$、$b_1=5\text{m}$、$h=0.8\text{m}$，求砂的总重量。

解：

$$V=\frac{0.8}{6}[2\times4+(2+3)\times(4+5)+3\times5]=9.07(\text{m}^3)$$

$$\text{砂的总重}=9.07\text{m}^3\times1.33\text{t/m}^3=12.06\text{t}$$

②过磅计量。发料单位经过地磅，每车随附秤码单送到现场时，应收下每车的秤码单、记录车号，在最后一车送到后，核对收到车数的秤码单和送货凭证是否相符。

③其他。水运码头无地磅，堆放又无场地时可在车上抽查。一种方法是利用船上载重水位线表示的吨位计算；另一种方法是在运输车上快速将黄砂在车上拉平，量其装载高度，按照车型固定的长宽度计算体积，然后换算成重量。

(4) 砂、石料的合理堆放

一般应集中堆放在混凝土搅拌机和砂浆机旁，不宜过远。堆放要成方成堆，避免成片。平时要经常清理，并督促班组清底使用。

(五) 砖

首先应检查进场调拨单式采购单，查看数量、规格与实物是否一致。

(1) 砖的质量验收

一般以抗压、抗折、抗冻等数据，以质保书为凭。现场主要从以下两方面做外观验收：

1) 砖的颜色，未烧透或烧过火的砖，即色淡和色黑的红砖不能使用；

2) 外形规格，按砖的等级要求验收。

(2) 砖的数量验收

1) 定量码垛点数：在指定的地点码垛（200块为一垛）点数，便于发放。按托板计数：用托板装运的砖，按不同砖每托板规定的装砖数，集中整齐码放，清点数量为每托板数量乘托板数。

2) 车上点数：一般适用于车上码放整齐，现场亟待使用，需要边卸边用的情况下。

3) 砖的合理保管：按施工平面图，码放于垂直运输设备附近便于起吊。不同品种规格的砖，应分开码放。基础墙、底层墙的砖可沿墙周围码放。同时使用中要注意清底，用一垛清一垛，断砖要充分利用。

(六) 成品、半成品的验收和保管

包括混凝土构件、门窗、铁件以及成型钢筋等。除门窗用于装修外，其他都用于承重结构系统。在混合结构项目中，这些成品、半成品占材料费的30%左右，是建筑工程的重要材料。

(1) 混凝土构件

混凝土构件一般在工厂生产，运到现场安装。混凝土构件笨重、量大、规格、型号多，验收时一定要对照加工计划，分层分段配套码放，码放在吊车的起重臂回转半径范围内。要认真核对品种、规格、型号，检验外观质量，及时登记台账，掌握配套情况。

(2) 铁件

主要包括金属结构、预埋铁件、楼梯栏杆、垃圾斗、水落管等。铁件进场要按加工图纸验收，复杂的应会同技术部门验收。铁件一般在露天存放，精密的要放入库内或棚内，露天存放的大铁件要用垫木垫起。小件可搭设平台，要分品种、规格、型号码放整齐，并挂牌标明。铁件要按加工计划逐项核对验收，按单位工程登记台账。

（3）门窗

门窗有钢质、木质、塑料质和铝合金质，都是在工厂加工运到现场安装。门窗验收要详细核对加工计划，认真检查规格、型号。门窗进场后要分品种、规格码放整齐。木门、窗扇及存放时间长的钢门、钢窗要存入库内或棚内。用垫木垫起。门窗验收码放后，要挂牌标明规格、型号、数量，按单位工程建立门窗及附件台账，防止错领错用。

（4）成型钢筋

是指由工厂加工成型后运到现场绑扎的钢筋。会同生产班组按照加工计划验收规格、数量，一并交班组管理使用。钢筋的存放场地要平整，没有积水，分规格码放整齐，要用垫木垫起，防止水浸锈蚀。

（七）装饰材料

装饰材料价值高，易损、易坏、易丢失。对壁纸、瓷砖、马赛克、油漆、五金、灯具等应入库专人保管。对量大、较笨重的装饰材料必须落实保管措施，以防损坏。

（1）建筑装饰材料的分类

现代建筑装饰材料发展迅速，品种繁多，只有按照材料类别才能弄清各种装饰材料的基本性能和共同特点。因此，建筑装饰材料的分类具有十分重要的意义。

1）按建筑装饰材料的使用部位分类：这种分类方法便于材料管理人员和工程技术人员选用建筑装饰材料，因而各种建筑装饰材料手册均按此方法分类。第一，外墙装饰材料如天然石材、人造石材、建筑陶瓷、玻璃制品、水泥、装饰混凝土、外墙涂料、铝合金等。第二，内墙装饰材料如天然石材、人造大理石、建筑陶瓷、内墙涂料、墙纸、墙布、织物类、玻璃制品及木制品等。第三，地面装饰材料如地毯类、塑料地板、陶瓷地砖、石材、木地板、地面涂料及抗静电地板等。第四，顶棚装饰材料如石膏板、壁纸装饰天花板、贴塑矿棉装饰板、矿棉装饰吸声板、膨胀珍珠岩装饰吸声板、铝合金吊顶板、塑料吊顶板、有机玻璃板及各类顶棚龙骨材料等。

2）按化学成分分类：这种方法便于学习、掌握建筑装饰材料的基本知识和基本理论。见表8-18。

表8-18　按装饰材料的化学成分分类

<table>
<tr><td rowspan="13">建筑装饰材料</td><td rowspan="7">无机装饰材料</td><td rowspan="2">金属装饰材料</td><td colspan="2">黑色金属：钢、不锈钢、彩色涂层钢板、彩色不锈钢板等</td></tr>
<tr><td colspan="2">有色金属：铝及铝合金、铜及铜合金等</td></tr>
<tr><td rowspan="5">非金属装饰材料</td><td colspan="2">天然石材：花岗岩、大理石等</td></tr>
<tr><td colspan="2">烧结与熔融制品：烧结砖、陶瓷、玻璃及制品、矿棉及制品等</td></tr>
<tr><td rowspan="2">胶凝材料</td><td>水硬性胶凝材料：白色水泥、彩色水泥及各种水泥等</td></tr>
<tr><td>气硬性胶凝材料：石膏及制品、水玻璃、菱苦土等</td></tr>
<tr><td colspan="2">装饰混凝土及装饰砂浆、白色及彩色硅酸盐制品等</td></tr>
<tr><td rowspan="2">有机材料</td><td colspan="3">植物材料：木材、竹材等</td></tr>
<tr><td colspan="3">合成高分子材料：各种建筑塑料及制品、涂料、胶黏剂、密封材料等</td></tr>
<tr><td rowspan="4">复合材料</td><td>无机复合材料</td><td colspan="2">装饰混凝土、装饰砂浆等</td></tr>
<tr><td rowspan="2">有机复合材料</td><td colspan="2">树脂及人造装饰材料、玻璃纤维增强塑料（玻璃钢）等</td></tr>
<tr><td colspan="2">胶合板、竹胶板、纤维板、宝丽板等</td></tr>
<tr><td>其他复合材料</td><td colspan="2">涂塑钢板、钢塑复合门窗、涂塑铝合金板等</td></tr>
</table>

3）按建筑装饰材料的燃烧性能分类：第一，A级具有不燃性，如嵌装式石膏板、花岗岩等。第二，B1级具有难燃性，如装饰防火板、阻燃墙纸等。第三，B2级具有可燃性，如胶合板、墙布等。第四，B3级具有易燃性，如油漆、酒精等。

4）按建筑装饰材料的用途分类：第一，骨架材料，如天棚木龙骨、铝合金龙骨、轻钢龙骨等。第二，饰面材料，如大理石、玻璃、铝合金装饰板等。第三，胶黏剂，如塑料地板胶黏剂、塑料管道胶黏剂、多用途建筑胶黏剂等。

5）按建筑装饰材料性状分类：第一，抹灰材料，如水泥砂浆、水刷石、水磨石等。第二，块材，如花岗岩、无釉面砖、瓷砖等。第三，板材，如石膏板、宝丽板、胶合板、镁铝曲板等。第四，油漆涂料，如803内墙涂料、过氯乙烯外墙涂料、氯化橡胶涂料等。

（2）质量要求

1）天然花岗石：天然花岗石按形状分为普型板材（N）、异型板材（S），普型板材是指正方形或长方形的板材；异型板材是指其他形状的板材。按表面加工程度分为亚光板（RB）、镜面板（PL）、粗面板（RU）；按质量分为优等品（A）、一等品（B）、合格品（C）。

天然花岗石板材的命名顺序为：荒料产地名称、花纹色调特征名称、花岗石（G）。

天然花岗石板材的标记顺序为：命名、分类、规格尺寸、等级、标准号。

【例6】 用山东济南黑色花岗岩荒料生产的400mm×400mm×20mm的普型镜面优等品板材，其命名和标记如下：

命名：济南青花岗石

标记：济南青（G）NPL400×400×20AJC205

N——普型板；PL——镜面板；A——质量等级；JC——建设部建筑材料标准。

天然花岗岩的质量要求有以下几项：

①尺寸允许偏差。

②平面度允许公差。

③角度允许公差。

④外观质量。

⑤镜面板材的镜向光泽度。

⑥物理性能指标。见表8-19规定。

表8-19 天然花岗石物理性能指标

项 目	指 标	项 目	指 标
密度/（kg/m^3）	≥2 560	干燥抗弯强度/MPa	≥8.0
吸水率/%	≤0.60	饱和水抗弯强度/MPa	≥8.0
干燥抗压强度/MPa	≥100.0		

⑦放射性应符合GB 6566—2001标准中规定。

2）天然大理石：天然大理石按形状分为普型板材（N）、异型板材（S）；按质量分为优等品（A）、一等品（B）、合格品（C）。

大理石板材的命名顺序为：荒料产地名称、花纹色调特征名称、大理石（M）。

天然大理石标记顺序为：命名、分类、规格尺寸、等级、标准号。

【例 7】 北京房山白色大理石荒料生产的 600mm × 400m × 20mm 普型一等品板材，其命名和标记如下：

命名：房山汉白玉大理石

标记：房山汉白玉（M）N600 ×400 ×20BJC

天然大理石的质量要求有以下几项：

尺寸允许偏差，平面度允许公差，角度允许公差，外观质量，镜面板材的镜向光泽度，物理性能指标。见表 8-20 规定。放射性应符合 GB 6566—2001 标准中规定。

表 8-20 天然大理石物理性能指标

项 目	指 标	项 目	指 标
密度/（kg/m^3）	≥2 600	干燥抗弯强度/MPa	≥7.0
吸水率/%	≤0.50	饱和水抗弯强度/MPa	≥7.0
干燥抗压强度/MPa	≥50.0		

3）人造石材：人造石材按生产所用原材料分为水泥型、树脂型、复合型、烧结型；按基体树脂分为 MMA 类（聚甲基丙烯酸甲酯为基体）、UPR（不饱和聚酯树脂为基体）。

人造石材的质量要求有以下几项：

①尺寸偏差。

②外观质量。

③巴氏硬度。

④落球冲击。

⑤冲击韧性不小于 39.2N/m^2。

⑥弯曲强度不小于 40MPa，弯曲弹性模量不小于 6 500MPa。

⑦耐污染性总和不得超过 64，最大污迹深度不大于 0.12mm。

⑧耐燃烧性能。

⑨耐加热性，试样表面无破裂、裂缝、起泡。

⑩耐高温性能，试样表面无破裂、裂缝、起泡等显著影响。

（3）石材验收

石材进场时必须检查验收才能使用，石材进场时必须检查出厂合格证和出厂检验报告。天然石材出厂试验报告中应包括尺寸偏差、平面度公差、角度公差、镜向光泽度、外观质量。人造石材出厂检验报告中应包括尺寸偏差、外观质量、巴氏硬度、落球冲击、香烟燃烧。

1）天然花岗石术要求：普通板尺寸偏差，见表 8-21；普通板平面度允许公差，应符合表 8-22。

表 8-21 尺寸允许偏差

项 目		亚光面和镜面板/mm			粗 面 板/mm		
		优等品	一等品	合格品	优等品	一等品	合格品
长度、宽度		0 ~ −1.0			0 ~ −1.0		
厚度	≤	±0.5		±1.0	1.0 ~ −1.5		
	>	±1.0	±1.5	±2.0	1.0 ~ −2.0	±2.0	2.0 ~ −3.0

表 8-22　平面度允许公差

板材长度	亚光面和镜面板/mm			粗　面　板/mm		
	优等品	一等品	合格品	优等品	一等品	合格品
≤400	0.20	0.35	0.50	0.60	0.80	1.00
>400≤800	0.50	0.65	0.80	1.20	1.50	1.80
>800	0.70	0.85	1.00	1.50	1.80	2.00

普通板角度允许公差应符合表 8-23。

表 8-23　角度允许公差　　单位：mm

板材长度	优等品	一等品	合格品
≤400	0.30	0.50	0.80
>400	0.40	0.60	1.00

同一批板材的色调应基本调和，花纹应基本一致，板材正面的外观质量应符合表 8-24 的规定。

表 8-24　天然花岗岩板材外观质量

缺陷名称	规　定　内　容	优等品	一等品	合格品
缺棱	长度不超过 10mm，宽度不超过 1.2mm（长度 < 5mm，宽度 < 1.0mm 的不计），周边每米长允许个数（个）	不允许	1	2
缺角	沿板材边长，长度≤3mm，宽度≤3mm（长度≤2mm，宽度≤2mm 的不计），每块板允许个数（个）			
裂纹	长度不超过两端顺延至板边总长度的 1/10（长度小于 20mm 的不计），每块板允许条数（条）			
色斑	面积不超过 15mm × 30mm（面积小于 10mm × 10mm 的不计），每块板允许个数（个）		2	3
色线	长度不超过两端顺延至板边总长度的 1/10（长度小于 40mm 的不计），每块板允许条数（条）			
干挂板材不允许有裂纹存在				

镜面板材的镜向光泽度应不低于 80 光泽单位，或按供需双方协商确定。

2）天然大理石技术要求：

①普型板尺寸允许偏差见表 8-25。

表 8-25　尺寸允许偏差　　单位：mm

项　　目		等　　级		
		优等品	一等品	合格品
长度、宽度		0 ~ −1.0		0 ~ −1.5
厚度	≤12	±0.5	±0.8	±1.0
	>12	±1.0	±1.5	±2.0

②普型板平面度允许公差应符合表 8-26。

表 8-26　平面度允许公差　　单位：mm

板材长度	优等品	一等品	合格品
≤400	0.20	0.30	0.50
>400≤800	0.50	0.60	0.80
>800	0.70	0.80	1.00

③普型板角度允许公差应符合表8-27。

表8-27　角度允许公差　　单位：mm

板材长度	优等品	一等品	合格品
≤400	0.30	0.40	0.50
>400	0.40	0.50	0.70

④同一批板材的色调应基本调和，花纹应基本一致，板材正面的外观质量应符合表8-28的规定。

⑤镜面板材的镜向光泽度应不低于70光泽单位，或按供需双方协商确定。

表8-28　天然大理石板材外观质量

<table>
<tr><th>缺陷名称</th><th>规定内容</th><th>优等品</th><th>一等品</th><th>合格品</th></tr>
<tr><td>缺棱</td><td>长度不超过8mm，宽度不超过1.5mm（长度≤4mm，宽度≤1.0mm的不计），每米长允许个数（个）</td><td rowspan="5">不允许</td><td>1</td><td>2</td></tr>
<tr><td>缺角</td><td>沿板材边长，长度≤3mm，宽度≤3mm（长度≤2mm，宽度≤2mm的不计），每块板允许个数（个）</td><td>1</td><td>2</td></tr>
<tr><td>裂纹</td><td>长度超过10mm的不允许条数（条）</td><td>0</td><td>0</td></tr>
<tr><td>色斑</td><td>面积不超过600mm^2（面积小于200mm^{2}的不计），每块板允许个数（个）</td><td>1</td><td>2</td></tr>
<tr><td>砂眼</td><td>直径在2mm以下</td><td>不明显</td><td>不影响装饰效果</td></tr>
</table>

注：板材允许黏结和修补，黏结和修补后应不影响装饰效果和物理性能。

3）人造石材技术要求：

①尺寸偏差。长度、宽度、厚度偏差的允许值为规定尺寸的±0.3%。

②对角线偏差。同一块板材对角线最大差值≤10mm。

③平整度。平整度公差的允许值应不大于规定厚度的5%。

④边缘不直度。板材边缘不直度≤1.5mm/m。

⑤外观质量应符合表8-29规定。

表8-29　人造石材外观质量

项　目	要　求
色泽	色泽均匀一致，不得有明显色差
板边	板材四边平整，表面不得有缺棱掉角现象
花纹图案	图案清晰、花纹明显；对花纹图案有特殊要求的，由供需双方商定
表面	光滑平整，无波纹、方料痕、刮痕、裂纹，不允许有气泡、杂质
拼接	拼接不得有缝隙

⑥巴氏硬度。板材的巴氏硬度：PMMA类≥58；UPR类≥50。

⑦落球冲击表面无破碎和碎片。

⑧耐燃烧性能。香烟燃烧不得有明火燃烧或阴燃。

产品包装箱上应标有企业名称和地址、产品名称、型号规格、商标、数量、质量等级、生产日期、执行标准的编号、规格尺寸。

（4）建筑装饰石材的质量验收和储运

1）天然石材：天然石材的优劣取决于荒料的品质和加工工艺。优质的石材表面，不含太多的杂色，布色均匀，没有忽浓忽淡的情况，而次质的石材经加工后会有很多无法弥盖的缺陷，因此，石材表面的花纹色调是评价石材质量优劣的重要指标。如果加工技术和工艺不过关，加工后的成品就会出现翘曲、凹陷、色斑、污点、缺棱掉角、裂纹、色线、坑窝等现象，优质的天然石材，应该是板材切割边整齐无缺角，面光洁、亮度高，用手摸没有粗糙感。工程上采购天然石材时应注意以上几点，其次还应注意石材背面是否有网络，出现这种情况有以下两种：

①石材本身较脆，必须加网络；

②偷工减料，这些石材的厚度被削薄了，强度不够，所以加了网络，一般颜色较深的石材如果有网络，多数是这个因素。

天然石材应根据不同的部位使用不同的石材，在室内装修中，电视机台面、窗台台面、室内地面等适合使用大理石。而门槛、厨柜台面、室外地面、外墙适合使用花岗石。按不同使用部位确定放射性 A、B、C 类，应查看检验报告，并且应该注意检验报告的日期，由于同一品种的石材因矿点、矿层、产地的不同其放射性都存在很大的差异，所以在选择和使用石材时，不能只看一份检验报告，应分批或分阶段多次检测。

2）人造石材：人造石材在选择时应注意以下几个方面。

①看表面。优质产品打磨抛光后表面晶莹光亮，色泽纯正，用手抚摸有天然石材的质感，无毛细孔；劣质产品表面性发暗，光洁度差，颜色不纯，用手抚摸有毛细孔（对着光线 45°角斜视，像针眼一样的气孔）。

②优质产品具有较强的硬度和机械强度，用最尖锐的硬质塑料划其表面不会留下划伤，劣质产品质地较软，较容易划伤，而且容易变形。

③优质产品容易打磨，加工开料时，劣质产品发出刺鼻的味道。

④把一块人造石材使劲往水泥地上摔，劣质的人造石材将会摔成粉碎性的很多小块；优质的人造石材顶多摔成两三块，若用力不够还能从地上弹起。

⑤取一块细长的人造石材小条，放在火上烧，劣质人造石材很容易燃烧，且燃烧得很旺；优质人造石材除非加上助燃的物质，而且能自动熄灭。

石材进入现场后应进行复检，天然石材同一品种、类别、等级的板材为一批；人造石材同一配方、同一规格和同一工艺参数的产品每 200 块为一批，不足 200 块以一批计。

天然石在运输过程中应防碰撞、滚摔，板材应在室内存放，室外储存时，应加遮盖。按板材品种、规格、等级或装修部位分别码放，码放高度不超过 1.6m。散置板材应直立堆垛，并光面相对，顺序倾斜放置，倾斜度不大于 15°。底层与每层间须用弹性材料支垫。

人造石材应储存于阴凉、通风干燥的库房内，距热源不小于 1m，储存期超过 6 个月时，应重新检测后方可交付使用。

（八）现场包装物

现场材料的包装容器，一般都有利用价值，如纸袋、麻袋、布袋、木箱、铁桶、瓷缸等。现场必须建立回收制度，保证包装品的成套、完整，提高回收率和完好率。对开拆包装的方法要有明确规章制度，如铁桶不开大口，盖子不离箱、线封的袋子要拆线，黏口的袋子要用刀割等。要健全领用和回收的原始记录，对回收率、完好率进行考核，对用量大，易损坏的包装物可实行包装物的回收奖励制度，例如水泥纸袋等。

三、现场材料发放和使用管理方法

（一）现场材料发放

（1）现场材料发放依据

现场发料的依据是下达给施工班组、专业施工队的班组作业计划（任务书），根据任务书上签发的工程项目和工程量所计算出材料用量，并且办理材料的领发手续。

1）工程用料的发放：包括大堆材料、主要材料及成品、半成品材，凡属于工程用料的必须以限额领料单作为发料依据。但在实际生产过程中，因各种原因变化很多，造成工程量增加或减少，使用的材料也发生变更，造成限额领料单不能及时下达。此时应由工长填制、项目经理审批的工程暂借用料单（表8-30），并在3日内补齐限额领料单，交到材料部门作为正式发料凭证，否则停止发料。

2）工程暂设用料：包括大堆材料及主要材料，凡属于施工组织设计以内的，按工程用料一律以限额领料单作为发料依据。施工设计以外的临时零星用料，凭工长填制、项目经理审批的工程暂设用料申请单（表8-31），办理领发手续。

3）对于调出项目以外其他部门或施工项目的材料，凭施工项目材料主管人签发或上级主管部门签发，项目材料主管人员批准的调拨单（表8-32）发料。

4）对于行政及公共事务用料，包装大堆材料、主要材料及剩余材料，根据批准的用料计划到材料部门领料，并且办理材料调拨手续。

表8-30　工程暂借用料单

班组________　工程名称________　　　　工程量________

施工项目________________　　　　年　月　日

材料名称	规　格	计量单位	应发数量	实发数量	原　因	领料人

项目经理（主管工长）：　　　　发料：　　　　定额员：

表8-31　工程暂设用料申请单

单位________

班组________　　　　年　月　日　编号________

材料名称	规　格	计量单位	请发数量	实发数量	用　途

项目经理（主管工长）：　　　　发料：　　　　定额员：

表 8-32 材 料 调 拨 单

______号　　　　　　　　　　　　　　　　　　　　　　　收料单位______

年　月　日　　　　　　　　　　　　　　　　　　　　　　发料单位______

材料名称	规　格	单　位	请发数量	实发数量	实际价格		计划价格		注
					单价	金额	单价	金额	
合　计									

主管：　　　　收料：　　　　发料：　　　　制表：

（2）材料发放程序

1）将施工预算或定额员签发的限额领料单下达到班组。工长在对班组交代生产任务的同时，也要做好用料的交底。

2）班组料具干事持限额领料单向材料员领料。材料员经核定工程量、材料品种、规格、数量等无误后，交给领料员和仓库保管员。

3）班组凭限额领料单领用材料，仓库依此发放材料。发料时应以限额领料单为依据，限量发放，可直接记载在限额领料单上，也可开领料小票，双方签字认证，见表 8-33。若一次开出的领料量较大需多次发放时，应在发放记录上逐日记载实领数量，由领料人签认，见表 8-34。

表 8-33 领 料 单

工程名称______________　　　　　　　　　　　　　　　　班组______

工程项目______________　年　月　日　　　　　　　　　　用途______

材料编号	材料名称	规　格	单　位	数　量	单　价	金　额

材料保管员：　　　　　　　　领料人：　　　　　　　　材料核算员：

表 8-34 发 放 记 录

栋号______

班组______　　　　　　　　年　月　日　　　　　　　　计量单位：

任务书编号	日期	工程项目	发放量	领料人	任务书编号	日期	工程项目	发放量	领料人

主管：　　　　　　　　　　　　　　　　　　　　　　　保管员：

4）当领用数量达到或超过限额数量时，应立即向主管工长和材料部门主管人员说明情况，分析原因，采取措施。若限额领料单不能及时下达，应由工长填制并由项目经理审批的工程暂借用料单，办理因超耗及其他原因造成多用材料的领发手续。

（3）材料发放方法

在现场材料管理中，各种材料的发放程序基本相同，但发放方法因品种、规格不同而有所不同。

1）大堆材料：主要有砖、瓦、灰、砂、石等材料，一般是露天存放且多工种使用。按照材料管理要求，大堆材料的进出场及现场发放都要进行计量检测。这样做既保证施工工程的质量，也保证了材料进出场及发放数量的准确性。发放大堆材料除按限额领料单中确定的数量发放外，还应做到在指定的料场清底使用。对混凝土、砂浆所使用的砂、石，按配合比进行计量控制发放。也可以按混凝土、砂浆不同强度等级的配合比，分盘计算发料的实际数量，因此要做好分盘记录和办理领发料手续。

2）主要材料：包括水泥、钢材、木材三大材料。主要材料一般是在库房发放材料或是在指定的露天料场和大棚内保管存放，有专职人员办理领发手续。主要材料的发放要凭限额领料单（任务书）领发料，还要根据有关的技术资料和使用方案进行发放。

3）成品及半成品：主要包括混凝土构件、钢木门窗、铝合门窗、塑钢门窗、金铁件及成型钢筋等材料。一般是在指定的场地和大棚内存放，有专职人员管理和发放。发放时凭据限额领料单及工程进度，并办理领发手续。

（4）应注意的问题

对现场材料管理的薄弱环节，需做好以下几方面工作：

1）提高材料人员的业务素质和管理水平，对工程概况、施工进度计划、材料性能及工艺要求有了解，便于配合施工生产。

2）根据施工生产需要，按照国家计量法规定，配备足够的计量器具，严格执行材料进场及发放的计量检测制度。

3）在材料发放过程中，认真执行定额用料制度，核实工程量、材料的品种、规格及定额用量，以免影响施工生产。

4）严格执行材料管理制度，大堆材料清底使用，水泥早进早发，装饰材料按计划配套发放，以免造成浪费。

5）对价值较高及易损坏、易丢失的材料，发放时领发双方须当面点清，签字认证，并做好发放记录。并且要实行承包责任制，防止丢失损坏，以免重复领发料。

（二）材料的使用

（1）材料使用依据

现场耗用材料的依据是根据施工班组、专业施工队所持的限额领料单（任务书）到材料部门领料时所办理的不同领料手续。

常见的有两种：一是领料单（小票）；二是材料调拨单。

（2）材料使用程序

现场耗材料过程，也是材料核算管理的重要组成部分。根据材料的分类以及材料的使用去向，采取不同的耗料程序。

工程耗用材料，包括大堆材料、主要材料及成品、半成品等。其耗料程序是根据领料凭证（任务书）所发出的材料经核算后，对照领料单进行核实，按实际工程进度计算材料的实际耗料数量。由于设计变更、工序搭接造成材料超耗的，也要如实计入耗料台账，便于工程结算，见表 8-35。

表 8-35 ________耗料台账

工程名称：　　　　结构：　　　　层数：　　　　面积：

开工日期：　年　月　日　　　　竣工日期：　年　月　日

<table>
<tr><th rowspan="3">材料名称</th><th rowspan="3">计量单位</th><th colspan="2">包干指标</th><th colspan="2">上年结转</th><th colspan="24">分月耗料数量</th></tr>
<tr><th rowspan="2">原指标</th><th rowspan="2">调整</th><th rowspan="2">预算</th><th rowspan="2">实际</th><th colspan="2">月</th><th colspan="2">月</th><th colspan="2">月</th><th colspan="2">月</th><th colspan="2">月</th><th colspan="2">月</th><th colspan="2">月</th><th colspan="2">月</th><th colspan="2">月</th><th colspan="2">月</th><th colspan="2">月</th><th colspan="2">月</th></tr>
<tr><th>预算</th><th>实际</th><th>预算</th><th>实际</th><th>预算</th><th>实际</th><th>预算</th><th>实际</th><th>预算</th><th>实际</th><th>预算</th><th>实际</th><th>预算</th><th>实际</th><th>预算</th><th>实际</th><th>预算</th><th>实际</th><th>预算</th><th>实际</th><th>预算</th><th>实际</th><th>预算</th><th>实际</th></tr>
<tr><td></td><td></td><td></td><td></td><td></td><td></td><td></td><td></td><td></td><td></td><td></td><td></td><td></td><td></td><td></td><td></td><td></td><td></td><td></td><td></td><td></td><td></td><td></td><td></td><td></td><td></td><td></td><td></td><td></td><td></td></tr>
<tr><td></td><td></td><td></td><td></td><td></td><td></td><td></td><td></td><td></td><td></td><td></td><td></td><td></td><td></td><td></td><td></td><td></td><td></td><td></td><td></td><td></td><td></td><td></td><td></td><td></td><td></td><td></td><td></td><td></td><td></td></tr>
<tr><td></td><td></td><td></td><td></td><td></td><td></td><td></td><td></td><td></td><td></td><td></td><td></td><td></td><td></td><td></td><td></td><td></td><td></td><td></td><td></td><td></td><td></td><td></td><td></td><td></td><td></td><td></td><td></td><td></td><td></td></tr>
<tr><td></td><td></td><td></td><td></td><td></td><td></td><td></td><td></td><td></td><td></td><td></td><td></td><td></td><td></td><td></td><td></td><td></td><td></td><td></td><td></td><td></td><td></td><td></td><td></td><td></td><td></td><td></td><td></td><td></td><td></td></tr>
</table>

（3）材料耗用计算方法

根据现场耗用的过程，为了使工程收到较好的经济效益，使材料得到充分利用，保证施工生产。因此，根据材料不同的种类、型号分别采取耗料方法。

1）大堆材料：一般露天存放，不便于随时计数，耗料一般采取两种方法：一是实行定额耗料，按实际完成工作量计算出材料用量，并结合盘点，计算出月度耗料数量；二是根据混凝土、砂浆配合比和水泥耗用量，计算其他材料用量，并按项目逐日计入材料发放记录，到月底累计结算，作为月度耗料数量。有条件的现场，可采取进场划拨，结合盘点进行耗料。

2）主要材料：一般是库发材料，根据工程进度计算实际耗料数量。例如，标砖的耗料，根据月度实际进度部位，以实际工程量为依据计算标砖需用量，然后根据实际使用数量开据的领料小票或按实际使用量逐日记载的标砖发放记录累计结算，作为标砖的耗料数量。

3）成品及半成品：一般是库发材料或是在指定的露天料场和大棚内进行管理发放。一般采用按工程进度、部位进行耗料，也可按配料单或加工单进行计算，求得与当月进度相适应的数量，作为当月的耗料数量。

（4）材料耗用中应注意的问题

现场耗料是保证施工生产、降低材料消耗的重要环节，切实做好现场耗料工作，是搞好项目承包的根本保证。为此应做好以下工作：

1）要加强材料管理制度，建立健全各种台账，严格执行限额领料和料具管理规定。

2）分清耗料对象，按照耗料对象分别计入成本。对于分不清的，例如，群体工程同时使用一种材料，可根据实际总用量，按定额和工程进度适当分解。

3）严格保管原始凭证，不得任意涂改耗料凭证，以保证耗料数据和材料成本的真实可靠。

4）建立相应的考核制度，对材料耗用要逐项登记，避免乱摊、乱耗，保证耗料的准确性。

5）加强材料使用过程中的管理，认真进行材料核算，按规定办理发料手续，为推广项目承包打好基础。

四、加强材料消耗管理，降低材料消耗额

建筑企业的成本降低额，大部分来自材料采购成本的节约和降低材料消耗，特别是现场材料消耗量的降低。

（一）加强施工管理，采取技术措施节约材料

（1）节约水泥的措施

优化混凝土配合比（选择合理的水泥标号，在级配相同的情况下，选用粒径最大的可用石料，掌握好合理的砂率，控制水灰比）；合理掺用添加剂，充分利用水泥活性及其富余系数，添加粉煤灰。

（2）木材的节约措施

以钢代木，改进支撑办法，优材不劣用，长料不短用，以旧料代新料，综合利用。

（3）钢材的节约措施

集中下料、合理加工，控制好钢筋搭接长度，利用短料旧料，避免以大代小，以优代劣。

（二）加强材料管理，降低材料消耗，提高企业管理水平

（1）加强基础条件管理，是降低材料消耗的基本条件。

（2）合理供料，一次到位，减少二次搬运和堆放损失。

（3）开展文明施工，确保现场材料不凌乱。

（4）回收利用，修旧利废。

（5）加速料具周转，节约材料资金。

（6）定期进行经济活动分析，揭露浪费，填塞漏洞。

（三）实行材料节约奖励制度，提高节约材料的积极性

实行材料节约奖励制度，可按节约额的比例奖励操作人员，也可在节约奖励标准中规定超耗惩罚标准，控制材料超耗。

实行材料节约奖必须具备合理的材料消耗定额，严格的材料收发制度，完善的材料消耗考核制度，工程质量稳定，制定材料节约奖励办法。

复习思考题

1. 基本概念：现场材料管理。
2. 简述现场材料管理的原则、内容。
3. 现场材料管理分为哪几个阶段，各阶段有哪些主要管理内容？
4. 简述现场材料一般性验收的工作内容和方法。
5. 简述几项主要材料的验收保管办法。
6. 简述现场材料发放程序，现场材料发放依据，现场材料发放方法。
7. 简述降低材料消耗的主要途径。

第九章　周转材料及工具管理

第一节　周转材料的管理

一、周转材料的概念

周转材料是指在施工生产中可以反复使用，而又基本保持其原有形态，有助于产品形成，但不构成产品实体的各种特殊材料。

周转材料就其作用看属于劳动资料，在使用过程中不构成建筑产品实体，而是在多次反复使用过程中逐步磨损和消耗。周转材料是一种工具性质的特殊材料。因其在预算取费和财务核算及采购等管理上列入“材料”项目，故称之为周转材料。

周转材料及工具与一般建筑材料相比较，其价值转移方式不同。建筑材料的价值一次性全部转移到建筑产品价格中，并从销售收入中得到补偿。周转材料及工具依据在使用中的磨损程度，逐步转移到产品价格中，从销售收入中逐步得到补偿。垫支在周转材料及工具上的资金，一部分随着价值转移脱离实物形态而转化成货币形态；另一部分则继续存在于实物形态中，随着周转材料及工具的磨损，最后全部转化为货币准备金而脱离实物形态。

周转材料及工具由于单位价值较低，且使用周期短，将其视做特殊材料归为材料部门管理，而不列做固定资产管理。

二、周转材料的分类

施工生产中常用的周转材料包括定型组合钢模板、滑升模板、胶合板、木模板、竹木脚手架、钢管脚手架、安全网、挡土板等。

（一）按周转材料的自然属性分

1）钢制品：如钢模板、钢管脚手架等。

2）木制品：如木脚手架、木跳板、木挡土板、木制混凝土模板等。

3）竹制品：如竹脚手架、竹跳板等。

4）胶合板：如竹胶合板、木制胶合板等。

（二）按周转材料的使用对象分

1）混凝土工程用周转材料：如钢模板、木模板、竹胶合板等。

2）结构及装饰工程用周转材料：如脚手架、跳板等。

3）安全防护用周转材料：如安全网、挡土板等。

三、周转材料管理的内容

（一）周转材料的使用管理

周转材料的使用管理，是指为了保证施工生产顺利进行或有助于建筑产品的形成而对周转材料进行拼装、支搭、运用以及拆除的作业过程的管理。

（二）周转材料的养护管理

周转材料的养护管理，是指例行养护，包括除去灰垢、涂刷防锈剂或隔离剂，以保证周转材料处于随时可投入使用状态的管理。

（三）周转材料的维修管理

周转材料的维修管理，是指对损坏的周转材料进行修复，使其恢复或部分恢复原有功能的管理。

（四）周转材料的改制管理

周转材料的改制管理，是指对损坏或不再用的周转材料，按照新的要求改变其外形。

（五）周转材料的核算

核算，即对周转材料的使用状况进行反映和监督。核算包括会计核算、统计核算和业务核算三种核算方式。会计核算主要反映周转材料投入和使用的经济效益及其摊销状况，是资金（货币）的核算。统计核算主要反映数量规模、使用状况和使用趋势，是数量的核算。业务核算是材料部门等根据实际需要和业务特点而进行的核算，它既有资金的核算，也有数量的核算；业务核算是一种局部核算。

四、周转材料的管理方法

周转材料管理方法有很多，如租赁法、费用承包法、实物量承包法等。

（一）周转材料租赁管理方法

（1）租赁的概念

租赁是指在一定期限内，产权的拥有方向使用方提供材料的使用权，但不改变所有权，双方各自承担一定的义务，履行契约的一种经济关系。实行租赁制度必须将周转材料的产权集中于企业进行统一管理，这是实行租赁制度的前提条件。

（2）周转材料的租赁管理的内容

1）应根据周转材料的市场价格变化及摊销额度要求测算租金标准，并使之与工程周转材料费用收入相适应。其测算方法是：

$$\text{日租金(元)} = \frac{\text{月摊销费} + \text{管理费} + \text{保养费}}{\text{月度日历天数}}$$

式中，管理费和保养费均按周转材料原值的一定比例计取，一般不超过原值的2%。

2）签订租赁合同，在合同中应明确以下内容：

①明确租赁的品种、规格、数量，并附有租用品明细表以便查核；

②明确租用的起止日期、租用费用以及租金结算方式；

③规定使用要求、质量验收标准和赔偿办法；

④明确双方的权利和义务；

⑤违约责任的追究和处理。

3）应考核租赁效果：考核指标有以下几项：

①出租率：

$$\text{某种周转材料的出租率(\%)} = \frac{\text{期内平均出租数量}}{\text{期内平均拥有量}} \times 100\%$$

式中，$期内平均出租数量 = \frac{期内租金收入(元)}{期内单位租金(元)}$

期内平均拥有量为以天数为权数的各阶段拥有量的加权平均值。

②损耗率：

$$某种周转材料的损耗率(\%) = \frac{期内损耗量总金额(元)}{期内出租数量总金额(元)} \times 100\%$$

③周转次数（主要考核组合钢模板）：

$$年周转次数(次/年) = \frac{期内钢模支模面积(m^2)}{期内钢模平均拥有量(m^2)}$$

（3）周转材料租赁核算的内容

1）周转材料的租用：项目确定使用周转材料后，应根据使用方案制订需要计划由专人向租赁部门签订租赁合同，并做好周转材料进入施工现场的各项准备工作，如存放及拼装场地等。租赁部门必须按合同保证配套供应并登记，《周转材料租赁台账》见表 9-1。

表 9-1　周转材料租赁台账

租用单位________________

工程名称________________

租用日期		名　称	规格型号	计量单位	租用数量	合同终止日期	合同编号
月	日						

2）周转材料的验收和赔偿：租赁部门应对退库周转材料进行数量外观质量验收。如有丢失损坏应由租用单位按照租赁合同规定赔偿。赔偿标准一般可参照以下原则掌握：对丢失或严重损坏（指不可修复的，如管体有死弯，板面严重扭曲）按原值的 50% 赔偿；一般性损坏（指可修复的，如板面打孔、开焊等）按原值的 30% 赔偿；轻微损坏（指不需使用机械修复的）按原值的 10% 赔偿。租用单位退租前必须清除混凝土灰垢，为验收创造条件。

3）周转材料的租金结算：租金的结算期限一般自提运的次日起至退租之日止，租金按日历天数考核，逐日计取，按月结算。租用单位实际支付的租赁费用包括租金和赔偿费两项。

$$\begin{aligned}租赁费用(元) = \Sigma[&租用数量 \times 相应日租金(元) \times 租用天数 + \\ &丢失损坏数量 \times 相应原值 \times 相应赔偿率]\end{aligned}$$

根据结算结果由租赁部门填制《租金及赔偿结算单》，见表 9-2。

表 9-2　租金及赔偿结算单

租用单位________________

工程名称________________　　　　　　　　　　　　　　合同编号________________

名　称	规格型号	计量单位	租用数量	租　金/元				赔偿费/元		金额合计/元
				退库数量	租用天数	日租金/元	金额/元	赔偿数量	金额/元	
合　计										

制表：　　　　　　　　　　　　　　　租用单位经办人：　　　　　　　　　　结算日期：

(4) 降低周转材料租赁费的途径

可通过以下几条途径降低周转材料租赁费：

1) 合理确定出租方；

2) 正确确定租赁、归还的时间和数量；

3) 加快施工进度；

4) 做好现场管理工作。

(二) 周转材料的费用承包

周转材料的费用承包是适应项目法施工的一种管理形式，或者说是项目法施工对周转材料管理的要求。是指以单位工程为基础，按照预定的期限和一定的方法测定一个适当的费用额度交由承包者使用，实行节奖超罚的管理。

(1) 周转材料的承包费用的确定

1) 周转材料的承包费用的收入：承包费用的收入即是承包者所接受的承包额。承包额有扣额法和加额法两种确定方法。扣额法，是指按照单位工程周转材料的预（概）算费用收入，扣除规定的成本降低额后剩余的费用；加额法，是指根据施工方案所确定的使用数量，结合额定周转次数和计划工期等因素所限定的实际使用费用，加上一定的系数额作为承包者的最终费用收入。所谓系数额是指一定历史时期的平均耗费系数与施工方案所确定的费用收入的乘积。公式如下：

$$\text{扣额法费用收入(元)} = \text{概(预)算费用收入(元)} \times [1 - \text{成本降低率}(\%)]$$

$$\text{加额法费用收入(元)} = \text{施工方案确定的费用收入(元)} \times (1 + \text{平均耗费系数})$$

式中，$\text{平均耗费系数} = \dfrac{\text{实际耗用量} - \text{定额耗用量}}{\text{实际耗用量}}$

2) 周转材料的承包费用的支出：承包费用的支出是在承包期限内所支付的周转材料使用费（租金）、赔偿费、运输费、二次搬运费以及支出的其他费用之和。

(2) 周转材料的费用承包管理办法的内容

1) 周转材料的承包协议的签订：承包协议是对承、发包双方的责、权、利进行约束的内部法律文件。一般包括工程概况、应完成的工程量、需用周转材料的品种、规格、数量及承包费用、承包期限、双方的责任与权利，不可预见问题的处理以及奖罚等内容。

2）周转材料的承包额的分析：首先要分解承包额。承包额确定之后，应进行大概的分解。以施工用量为基础将其还原为各个品种的承包费用。例如，将费用分解为钢模板、焊管等品种所占的份额。其次要分析承包额。实际工作中，常常是不同品种的周转材料分别进行承包，或只承包某一品种的费用。这就需要对承包效果进行预测，并根据预测结果提出有针对性的管理措施。

3）周转材料的费用承包的准备：根据承包方案和工程进度认真编制周转材料的需用计划，注意计划的配套性（品种、规格、数量及时间的配套）要留有余地、不留缺口。

根据配套数量同企业租赁部门签订租赁合同，积极组织材料进场并做好进场前的各项准备工作，包括选择、平整存放和拼装场地、开通道路等，对现场狭窄的地方应做好分批进场的时间安排，或事先另选存放场地。

（3）周转材料的费用承包效果的考核

周转材料的承包期满后，要对承包效果进行严肃认真的考核、结算和奖罚。

提高承包经济效果的基本途径有两条：

1）在使用数量既定的条件下努力提高周转次数；

2）在使用期限既定的条件下，努力减少占用量。同时应减少丢失和损坏数量，积极实行和推广组合钢模的整体转移，以减少停滞、加速周转。

（三）周转材料的实物量承包

周转材料实物量承包的主体是施工班组，也称班组定包。它是指项目班子或施工队根据使用方案按定额数量对班组配备周转材料，规定损耗率，由班组承包使用，实行节奖超罚的管理办法。

周转材料实物量承包是费用承包的深入和继续，是保证费用承包目标值的实现和避免费用承包出现断层的管理措施。

（1）定包数量的确定

以组合钢模为例，说明定包数量的确定方法。

1）模板用量的确定：根据费用承包协议规定的混凝土工程量编制模板配模图，据此确定模板计划用量，加上一定的损耗量即为交由班组使用的承包数量。公式如下：

$$模板定包数量(m^2)=计划用量(m^2)\times[1+定额损耗率(\%)]$$

式中，定额损耗量一般不超过计划用量的1%。

2）零配件用量的确定：零配件定包数量根据模板定包数量来确定。每万千米方模板零配件的用量分别为：

U型卡：140 000件；插销：300 000件；

内拉杆：12 000件；外拉杆：24 000件；

三型扣件：36 000件；勾头螺栓：12 000件；

紧固螺栓：12 000件。

$$零配件定包数量(件)=计划用量(件)\times[1+定额损耗率(\%)]$$

式中，$计划用量(件)=\dfrac{模板定包量(m^2)}{10\,000(m^2)}\times相应配件用量(件)$

（2）定包效果的考核和核算

定包效果的考核主要是损耗率的考核。即用定额损耗量与实际损耗量相比，如有盈余为节约，反之为亏损。如实现节约则全额奖给定包班组，如出现亏损则由班组赔偿全部亏损金额。公式如下：

$$奖(+)罚(-)金额(元) = 定包数量(件) \times 原值(元) \times [定额损耗率(\%) - 实际损耗率(\%)]$$

$$式中，实际损耗率(\%) = \frac{实际损耗数量}{定包数量} \times 100\%$$

根据定包及考核结果，填制《班组定包结算单》，对定包班组兑现奖罚，见表9-3。

表9-3　班组定包结算单

单位＿＿＿＿＿＿　班组＿＿＿＿＿＿　编号＿＿＿＿＿＿

材料名称	规格型号	计量单位	计划单价/元	定包数量总金额/元	定额损耗总金额/元	实际损耗总金额/元	奖（+）罚（-）金额/元

主管：　制表：　财务：　班组：　制表日期：

（四）周转材料租赁、费用承包和实物量承包三者之间的关系

周转材料的租赁、费用承包和实物量承包是三个不同层次的管理，是有机联系的统一整体。实行租赁办法是企业对工区或施工队所进行的费用控制和管理；实行费用承包是工区或施工队对单位工程或承包栋号所进行的费用控制和管理；实行实物量承包是单位工程或承包栋号对使用班组所进行的数量控制和管理，这样便形成了既有不同层次、不同对象的，又有费用的和数量的综合管理体系。因此，降低企业周转材料费用消耗应该同时搞好三个层次的管理。

限于企业的管理水平和各方面的条件，作为管理初步，可于三者之间任择其一。但如果实行费用承包则必须同时实行实物量承包，否则费用承包易出现断层，出现“以包代管”的状况。

五、几种常用周转材料管理方法

（一）木模板的管理

木模板用于混凝土构件的成型，它可以拼成各种形状的模子，使浇灌的混凝土成为各种需要的形状。木模板是建筑企业常用的周转材料。

（1）制作和发放

木模板一般采用统一配料、制作、发放的管理方法。现场需用木模板，事先提出计划需用量，由木工车间统一配料制作，发放给使用单位。

（2）保管

木模板可以多次使用，使用中保管维护由使用单位负责。包括安装、拆卸、整理等工作。实行节约有奖、超耗受罚的经济责任制。

木模板的管理实行“四统一”、“四包”管理法。“四统一”的集中管理法即统一管理、统一配料、统一制作、统一回收，无条件统一制作的也可“三统一”。“四包”即班组包制作、包安装、包拆除、包回收。

（3）核算

木模板在使用过程中都会产生一定量的损耗，要按损耗程度计价核算。

1）定额摊销法：按完成的混凝土实物工程量和定额摊销计价。用这种核算方法，一定要分清发放和回收的木模板的新旧成色，按新旧成色计价。

2）租赁法：按木模板的材质、规格、成色等，分别制定租赁标准，使用单位租用期间按标准核算租赁费，作为计价依据。

3）五五摊销法：即新木料制作的模板，第一次投入使用摊销原值的50%，余下的50%价值直到报废时再行摊销。

另外，还有原值摊销法、余额摊销法等。

（二）组合钢模的管理

组合钢模是按模数制作原理设计、制作的钢制模板。主要优点有：重量轻，便于搬运，使用灵活，配备标准，便于拼装成各种模型，通用性强。组合钢模主要由钢模板和配套件组成。其中钢模板视其使用部位分为平面模板、转角模板、梁腿模板、搭接模板等。

组合钢模板使用时期长，磨损小，再管理和使用中通常采用租赁的方法。租赁一般要进行以下工作：确定管理部门，一般集中在分公司一级；核定租赁标准，按日（旬、月）确定各种规格模板及配件的租赁费；确定使用中的责任，如使用者负责清理、整修、涂油、装箱等；奖惩办法的制定。

租用模板应办理相应的手续，通常签订租用合同。见表9-4。

表9-4 组合钢模租用合同

供应方：

租用方：　　　　　　　　　　年　　月　　日

品种	规格	单位	数量	起用日期	停用日期	租用时间/d	租用金额		备　注
							单价/（元/d）	合计/元	

租方：　　　　　　　　　　　　　　　　　　　　供方：

经办人：　　　　　　　　　　　　　　　　　　　经办人：

注：本合同一式　　　份，双方签字盖章后生效。

租赁标准，即租金应根据周转材料的市场价格变化及摊销要求测算，使之与工程周转材料费收入相适应。测算公式为：

$$组合钢模板日租金 = \frac{月摊销费 + 管理费 + 保管费}{月度日历天数}$$

（三）脚手架料管理

脚手架是建筑施工中不可缺少的重要的周转材料，脚手架的种类很多，主要有木脚手架、竹脚手架、钢管脚手架、门式脚手架、角钢脚手架、金属吊篮架等。其中木脚手架和竹脚手架限于资源问题，以及绑扎工艺落后，现已较少使用，大量使用的是各种钢制脚手架。

钢制脚手架的磨损小，使用期长，多数企业都采取租赁的管理方式（具体方法和钢模板类似），集中管理和发放，提高利用率。

钢制脚手架使用中的保管工作十分重要，是保证其正常使用的先决条件。为防止生锈，钢管要定期刷漆，各种配件要经常清洗上油，延长使用寿命。每使用一次，要清点维修，弯曲的钢管要矫正。拆卸时不允许高空抛摔，各种配件拆卸后要定量装箱，防止丢失。

第二节　工具的管理

一、工具的概念

工具是人们用以改变劳动对象的手段，是生产力要素中的重要组成部分。

工具由于具有多次使用，在劳动生产能长时间发挥作用等特点，因此工具管理的实质，是使用过程中的管理，是在保证生产适用的基础上延长使用寿命的管理。工具管理是施工企业材料管理的组成部分，工具管理的好坏，直接影响施工能否顺利进行，影响着劳动生产率和成本的高低。

二、工具的分类

建筑施工生产，大量仍以手工操作为主。这就决定了施工工具不仅品种多，而且用量大。建筑企业的工具消耗，一般占工程造价的2%左右。因此，搞好工具管理，对提高企业经济效益也很重要。为了便于管理将工具按不同内容进行分类。

（一）按工具的价值和使用期限分类

（1）固定资产性工具

固定资产性工具，指使用年限1年以上，单价在规定限额（一般为1 000元）以上的工具。如50t以上的千斤顶；测量用的水准仪等。

（2）低值易耗工具

低值易耗工具，指使用期限及价值均低于固定资产标准的工具。如手电钻、灰槽、苫布、扳手、灰桶等。这类工具量大复杂，约占企业生产工具总价值的60%以上。

（3）消耗性工具

消耗性工具，指价值较低（一般单价在10元以下），使用寿命很短，重复使用次数很少且无回收价值的工具。如铅笔、扫帚、油刷、锨把、锯片等。

（二）按使用范围分类

（1）专用工具

专用工具，指为某种特殊需要或完成特定作业项目所使用的工具。如千斤扳手、量卡具以及根据需要而自制或订购的非标准工具。

（2）通用工具

通用工具，指使用广泛的定型产品，如各类扳手、钳子等。

（三）按使用方式和保管范围分类

（1）个人随手工具

个人随手工具，指在施工生产中使用频繁，体积小便于携带而交由个人保管的工具。如砖刀、抹子等。

（2）班组共用工具

班组共用工具，指在一定作业范围内为一个或多个施工班组所共同使用的工具。它包括两种情况：一是在班组内共同使用的工具，如胶轮车、水桶等；二是在班组之间或工种之间共同使用的工具，如水管、搅灰盘、磅秤等。

三、工具管理的内容

（一）工具储存管理

工具验收后入库，按品种、质量、规格、新旧残废程度分开存放。同样工具不得分存两处，成套工具不得拆开存放，不同工具不得叠压存放。制定工具的维护保养技术规程，如防锈、防刃口碰伤、防易燃物品自燃、防雨淋和日晒等。对损坏的工具及时修复，延长工具使用寿命，使之处于随时可投入使用的状态。

（二）工具发放管理

按工具费定额发出的工具，要根据品种、规格、数量、金额和发出日期登记入账，以便考核班组执行工具费定额的情况。出租或临时借出的工具，要做好详细记录并办理有关租赁和借用手续，以便按期、按质、按量归还。坚持“交旧领新”、“交旧换新”和“修旧利废”等行之有效的制度，做好废旧工具的回收、修理工作。

（三）工具使用管理

根据不同工具的性能和特点制定相应的工具使用技术规程和规则。监督、指导班组按照工具的用途和性能进行合理使用。

四、工具的管理方法

（一）工具租赁

工具租赁是在一定的期限内，工具的所有者在不改变所有权的条件下，有偿地向使用者提供工具的使用权，双方各自承担一定的义务，履行一定契约的一种经济关系。工具租赁的管理方法适合于除消耗性工具和实行工具费补贴的个人随手工具以外的所有工具品种。企业对生产工具实行租赁的管理方法，需进行以下几步工作：

（1）建立正式的工具租赁机构，确定租赁工具的品种范围，制定有关规章制度，并设专人负责办理租赁业务。班组亦应指定专人办理租用、退租及赔偿事宜。

（2）测算租赁单价

租赁单价或按照工具的日摊销费确定日租金额。计算公式如下：

$$\text{某种工具的日租金(元)} = \frac{\text{该种工具的原值} + \text{采购、维修、管理费}}{\text{使用天数}}$$

式中，1）采购、维修、管理费按工具原值的一定比例计数，一般为原值的1%～2%。

2）使用天数可按本企业的历史水平计算。

（3）工具出租者和使用者签订租赁协议（或合同），协议的内容及格式，见表9-5。

表 9-5 工 具 租 赁 合 同

编号：

根据 × × 　　　　　　　工程施工需要，租方向供方租用如下一批工具

名　称	规　格	单　位	需用数	实租数	备　注

租用时间：自　年　月　日起至　年　月　日止，租金标准、结算办法、有关责任事项均按工具租赁管理办法办理。

本合同一式　份（双方管理部门　份；财务部门　份）双方签字盖章生效、退租结算清楚后失效。

租用单位：　　　　负责人：　　　　供应单位：　　　　负责人：

年　　月　　日

（4）根据租赁协议，租赁部门将出租工具的有关事项登入《租金结算台账》，见表 9-6。

表 9-6 工具租金结算明细表

施工队：　　　　　　　　建设单位：　　　　　　　　单位工程名称：

工具名称	规　格	单　位	租用数量	计费时间		计费天数	租金计算/元	
				起	止		每日	合计
总　计	万　仟　佰　拾　元　角　分							

租用单位：　　　　负责人：　　　　贷方单位：　　　　负责人：

年　　月　　日

（5）租用期满后，租赁部门根据《租金结算台账》填写《租金及赔偿结算单》，见表 9-7。如有发生工具的损坏、丢失，将丢失损坏金额一并填入该单“赔偿栏”内。结算单中金额合计应等于租赁费和赔偿费之和。

表 9-7 租金及赔偿结算单

合同编号：________________　　　　　　　　编号：________________

工具名称	规格	单位	租　金			赔　偿　费						合计金额
			租用天数	日租金	租赁费	原值	损坏量	赔偿比例	丢失量	赔偿比例	金额	

（6）班组用于支付租金的费用来源是定包工具费收入和固定资产工具及大型低值工

具的平均占用费。公式如下：

班组租赁费收入 = 定包工具费收入 + 固定资产工具和大型低值工具平均占用费

式中，某种固定资产工具和大型低值工具平均占用费 = 该种工具摊额 × 月利用率（%）

班组所付租金，从班组租赁费收入中核减，财务部门查收后，作为班组工具费支出，计入工程成本。

（二）工具的定包管理方法

工具定包管理是“生产工具定额管理、包干使用”的简称。是指施工企业对其自有班组或个人使用的生产工具，按定额数量配给，由使用者包干使用，实行节奖超罚的管理方法。

工具定包管理，一般在瓦工组、抹灰工组、木工组、油工组、电焊工组、架子工组、水暖工组、电工组实行。实行定包管理的工具品种范围，可包括除固定资产工具及实行个人工具费补贴的随手工具以外的所有工具。

班组工具定包管理是按各工种的工具消耗定额，对班组集体实行定包。实行班组工具定包管理，需进行以下几步工作：

（1）实行定包的工具，所有权属于企业。企业材料部门指定专人为材料定包员，专门负责工具定包的管理工作。

（2）测定各工种的工具费定额

各工种的工具费定额的测定，由企业材料管理部门负责，分三步进行：

1）在向有关人员调查的基础上，查阅不少于 2 年的班组使用工具资料。确定各工种所需工具的品种、规格、数量，并以此作为各工种的标准定包工具。

2）分别确定各工种工具的使用年限和月摊销费。月摊销费的公式如下：

$$\text{某种工具的月摊销费} = \frac{\text{该种工具的单价}}{\text{该种工具的使用期限(月)}}$$

式中，工具的单价，采用企业内部不变价格，以避免因市场价格的经常波动，而影响工具费定额。

工具的使用期限，可根据本企业具体情况凭经验确定。

3）分别测定各工种的日工具费定额，公式如下：

$$\text{某工种人均日工具费定额(元/天)} = \frac{\text{该工种全部标准定包工具月摊销费总额}}{\text{该工种班组额定人数} \times \text{月工作日}}$$

式中，班组额定人数，是由企业劳动部门核定的某工种的标准人数。

月工作日按每月 20.5 天计算。

（3）确定班组月度定包工具费收入，公式如下：

$$\begin{matrix}\text{某工种班组月度}\\\text{定包工具费收入}\end{matrix} = \text{班组月度实际作业工日} \times \text{该工种人均日工具费定额}$$

班组工具费收入可按季或按月，以现金或转账的形式向班组发放，用于班组向企业使用定包工具的开支。

（4）企业基层材料部门，根据工种班组标准定包工具的品种、规格、数量，向有关班组发放工具。班组可控标准定包数量足量领取，也可根据实际需要少领。自领用日起，按班组实领工具数量计算摊销，使用期满以旧换新后继续摊销。但使用期满的能延长使用时间的工具，应停止摊销收费。凡因班组责任造成的工具丢失和因非正常使用造成的损坏，由班组承担损失。

（5）实行工具定包的班组需设立兼职工具员，负责保管工具，督促组内成员爱护工具和记载保管手册。

零星工具可按定额规定使用期限，由班组交给个人保管，丢失赔偿。

班组因生产需要调动工作，小型工具自行搬运，不报销任何费用或增加工时，班组确实无法携带需要运输车辆时，由行政出车运送。

企业应参照有关工具修理价格，结合本单位各工种实际情况，制定工具修理取费标准及班组定包工具修理费收入，这笔收入可计入班组月度定包工具费收入，统一发放。

（6）班组定包工具费的支出与结算

此项工作分三步进行：

1）根据《班组工具定包及结算台账》，见表9-8。按月计算班组定包工具费支出，公式如下：

$$\begin{matrix}\text{某工种班组月度}\\\text{定包工具费支出}\end{matrix} = \sum_{i=1}^{n}(\text{第 } i \text{ 种工具数} \times \text{该种工具的日摊销费}) \times \begin{matrix}\text{班组月度实}\\\text{际作业天数}\end{matrix}$$

式中，某种工具的日摊销费 $= \dfrac{\text{该种工具的月摊销费}}{20.5\text{ 天}}$

表9-8　班组工具定包及结算台账

班组名称：______________　　　　　　　　工种：______________

日期		工具名称	规格	单位	领用数量	工具费定额/元	工具使用费/元				盈（+）亏（-）金额/元	备注
月	日						定包支出	租赁费	其他	合计		

2）按月或按季结算班组定包工具费收支额，公式如下：

$$\begin{matrix}\text{某工种班组月度定}\\\text{包工具费收支额}\end{matrix} = \begin{matrix}\text{该工种班组月度}\\\text{定包工具费收入}\end{matrix} - \begin{matrix}\text{月度定包工}\\\text{具费支出}\end{matrix} - \begin{matrix}\text{月度租}\\\text{赁费用}\end{matrix} - \begin{matrix}\text{月度其}\\\text{他支出}\end{matrix}$$

式中的租赁费，若班组已用现金支付，则此项不计。

其他支出包括应扣减的修理费和丢失损失费。

3）根据工具费结算结果，填制《定包工具结算单》，见表9-9。

表9-9　工具定包结算单

班组名称：______________　　　　　　　　工种：______________

月份	工具费收入/元	工具费支出/元					盈（+）亏（-）/元	奖罚金额/元
		小计	定包支出	租赁费	赔偿费	其他		

单位主管：　　　制表：　　　财务：　　　班组：　　　结算日期：

(7) 班组工具费结算若有盈余，为班组工具节约额。工具费盈余额可全部或按比例，作为工具节约奖，归班组所有；若有亏损，则由班组负担。企业可将各工种班组实际的定包工具费收入，作为企业的工具费开支，计入工程成本。

企业每年年终应对工具定包管理效果进行总结分析，找出影响因素，提出有针对性的处理意见。

(三) 工具费津贴法

工具费津贴法，是指对于个人使用的随手工具，由个人自备，企业按实际作业的工日发给工具磨损费。它利于增强使用者的责任心，使其爱护自己的工具。

(四) 临时借用法

对于定额包干以外的工具，可采用临时借用法。即需用时凭一定的手续借用，用完后归还。

五、劳动保护用品的管理

劳保用品，指施工生产过程中为保护职工安全和健康必须的用品。包括措施性用品，如安全网、安全带、安全帽、防毒口罩、绝缘手套、电焊面罩等；个人劳动保护用品，如工作服、雨衣、雨靴、手套等。应按各省市劳动条件和有关标准发放。

劳动保护用品的发放管理要求建立劳保用品领用手册；设置劳保用品临时领用牌；对损毁的措施性用品应添置报损报废单，注明损毁原因，连同残余物交回仓库。

劳动保护用品在核算上采取全额摊销、分次摊销或一次列销等形式。一次列销主要指单位价值很低、易耗的手套、肥皂、口罩等劳动保护用品。

复习思考题

1. 基本概念：周转材料、工具、租赁、劳保用品。
2. 周转材料有哪几种？
3. 周转材料管理有哪些特点？
4. 简述周转材料管理的方法。
5. 简述周转材料租赁、费用承包、实物量承包三者之间的关系。
6. 简述工具的种类。
7. 有哪些常用的工具管理方法？

第十章　材料核算管理

材料核算是用货币或实物数量，按照价值规律的要求，对建筑企业材料工作中的申请、采购、供应、储备、消耗等项业务活动进行记录、计算、控制、监督、分析和考核的活动。材料核算是企业经济核算的重要组成部分。

第一节　材料采购的核算

材料采购的核算，是以材料采购预算成本为基础，与实际采购成本相比较，核算其成本降低额或超耗程度。

一、材料采购实际成本

材料采购实际成本,是材料在采购和保管过程中所发生的各项费用的总和。它是由材料原价、供销部门手续费、包装费、运杂费、采购保管费五方面因素构成的。组成实际成本的五方面内容,任何一方面,都会直接影响到材料实际成本的高低,进而影响工程成本的高低。因此,在材料采购及保管过程中,力求节约,降低材料采购成本是材料采购核算的重要环节。

市场供应的材料由于货源来自各地，产品成本不一致，运输距离不等，质量情况也参差不齐，为此在材料采购或加工订货时，要注意材料实际成本的核算，做到在采购材料时做各种比较，即同样的材料比质量；同样的质量比价格；同样的价格比运距；最后核算材料成本，尤其是地方大宗材料的价格组成，运费占主要成分，尽量做到就地取材，对减少运输及管理费用尤为重要。

材料实际价格计价，是指对每一材料的收发、结存数量都按其在采购（或委托加工、自制）过程中所发生的实际成本计算单价。其优点是能反映材料的实际成本，准确地核算工程产品材料费用，缺点是每批材料由于买价和运距不等，使用的交通运载工具也不一致，运杂费的分摊十分烦琐，常使库存材料的实际平均单价发生变化，促使日常的材料成本核算工作十分繁重，往往影响核算的及时性。通常按实际成本计算价格，采用先进先出法或加权平均法等。

先进先出法，是指同一种材料每批进货的实际成本如各不相同时，按各批不同的数量及价格分别记入账册。在发生领用时，以先购入的材料数量及价格先计价核算工程成本，按先后程序依此类推。

加权平均法，是指同一种材料在发生不同实际成本时，按加权平均法求得平均单价，当下一批进货时，又以余额（数量及价格）与新购入的数量、价格做新的加权平均计算，得出的平均价格。

二、材料预算（计划）价格

材料预算价格是由地区建设主管部门颁布的，以历史水平为基础，并考虑当前和今后的变动因素，预先编制的价格。

材料预算价格是地区性的，根据本地区工程分布、投资数额、材料用量、材料来源地、运输方法等因素综合考虑，采用加权平均的计算方法确定。同时对其使用范围也有明确规定，在地区范围以外的工程，则应按规定增加远距离的运费差价，材料预算价格包括从材料来源地起，到达施工现场的工地仓库或材料堆放场地为止的全部价格。材料预算价格由下列五项费用组成：材料原价，供销部门手续费，包装费，采购及保管费，运杂费。

材料预算价格的计算公式：

$$\text{材料预算价格} = \left(\text{材料原价} + \text{代销部门手续费} + \text{包装费} + \text{运杂费}\right) \times \left(1 + \text{采购及保管费率}\right) - \text{包装品回收值}$$

三、材料采购成本的考核

材料采购成本可以从实物量和价值量两方面进行考核。单项品种的材料在考核材料采购成本时，可以从实物量形态考核其数量上的差异。但企业实际进行采购成本考核，往往是分类或按品种综合考核价值上的“节”与“超”。通常有以下两项考核指标。

（1）材料采购成本降低（超耗）额

材料采购成本降低（超耗）额 = 材料采购预算成本 - 材料采购实际成本

式中，材料采购预算成本为按预算价格事先计算的计划成本支出；材料采购实际成本是按实际价格事后计算的实际成本支出。

（2）材料采购成本降低（超耗）率

$$\text{材料采购成本降低(超耗)率(\%)} = \frac{\text{材料采购成本降低(超耗)额}}{\text{材料采购预算成本}} \times 100\%$$

通过此项指标，考核成本降低或超耗的水平和程度。

【例 1】 某构件厂第四季度从四个产地采购四批中砂，A 批 $150m^3$，每立方米采购成本 24 元；B 批 $200m^3$，每立方米 23.5 元；C 批 $400m^3$，每立方米 22 元；D 批 $250m^3$，每立方米 23 元。

$$\text{中砂加权平均成本} = \frac{150 \times 24 + 200 \times 23.5 + 400 \times 22 + 250 \times 23}{150 + 200 + 400 + 250}$$

$$= 22.85(\text{元}/m^3)$$

中砂地区预算单价为 24.88 元/m^3。

$$\text{中砂采购成本降低额} = (24.88 - 22.85) \times 1\,000 = 2\,030\ (\text{元})$$

$$\text{中砂采购成本降低率} = \left(1 - \frac{22.85}{24.88}\right) \times 100\% = 8.16\%$$

某厂采购中砂四批共 1 000m^3，共节约采购费用 2 030 元，成本降低率达到 8.16%，经济效益尚好。

第二节　材料供应的核算

材料供应计划是组织材料供应的依据。

它是根据施工生产进度计划，材料消耗定额等编制的。施工生产进度计划确定了一定时期内应完成的工程量，而材料供应量是根据工程量乘材料消耗定额，并考虑库存、合理储备、综合利用等因素，经平衡后确定的。因此按质、按量、按时配套供应各种材料，是保证施工生产正常进行的基本条件之一。所以检查考核材料供应计划的执行情况，主要是检查材料收入执行情况，它反映了材料对生产的保证程度。

检查材料收入执行情况，就是将一定时期（旬、月、季、年）内的材料实际收入量与计划收入量做对比，以反映计划完成情况。一般情况下，从以下两个方面进行考核。

一、检查材料收入量是否充足

这是考核各种材料在某一时期内的收入总量是否完成了计划，检查从收入数量上是否满足了施工生产的需要。其计算公式为：

$$材料供应计划完成率(\%)=\frac{实际收入量}{计划收入量}\times 100\%$$

【例 2】 某建筑施工单位的部分材料收入情况考核如表 10-1 所示。

表 10-1 某单位供应材料情况考核表

材料名称	规　格	单　位	进料来源	进料方式	进料数量		计划完成情况/%
					计划	实际	
水　泥	42.5	t	××水泥厂	卡车运输	390	429	110
河　砂	中砂	m^3	材料公司	卡车运输	780	663	85
碎　石	5～40mm	m^3	材料公司	航　运	1 560	1 636	105

检查材料收入量是保证生产完成所必须的数量，是保证施工生产顺利进行的一项重要条件。如收入量不充分，如表 10-1 中河砂的收入量仅完成计划收入量的 85%，这就造成一定程度上的材料供应数量不足而中断，妨碍施工正常进行。

二、检查材料供应的及时性

在分析考核材料供应及时性问题时，需要把时间、数量、平均每天需用量和期初库存等资料联系起来考察。例如，表 10-1 中水泥完成情况为 110%，从总量上看满足了施工生产的需要，但从时间上来看。供料很不及时，几乎大部分水泥的供应时间集中在中旬、下旬，影响了上旬施工生产的顺利进行。见表 10-2。

表 10-2 某单位 7 月份水泥供应及时性考核 单位：t

进货批数	计划需用量		其库月存初量	计划收入		实际数量		计划完成/%	对生产保证程度		备　注
	本月	平均每日用量		日期	数量	日期	数量		按日数计	按数量计	
	390	15	30						2	30	
第一批				1	80	5	45		3	45	
第二批				7	80	14	105		7	105	
第三批				13	80	19	120		8	120	
第四批				19	80	27	159		3	45	
第五批				25	70						
					390		429	110	23	345	

注：1. 在计算全月工作天数时，一般以当月的日历天扣除星期休假天进行计算，如 7 月份日历天为 31 天，设 7 月 2 日为星期天，则全月共占 5 个休假天。
实际工作 =31 −5 =26（天）

2. 平均每日需用量 $=\frac{全月需用量}{实际工作天数}=\frac{390}{26}=15$（t）

3. 第一、第二、第三批供货（扣除星期休假天）可延续至 27 日第四批供货的 159t，实际起保证作用的只有 28 日、29 日和 31 日三天（30 日为星期天），（周五工作制同理）。

从表 10-2 可以看出，当月的水泥供货总量超额完成了计划，但由于供货不均衡，月初需用的材料却集中于后期供应，其结果造成了工程发生停工待料现象，实际收入 429t 中，能及时利用于生产建设的只有 345t，停工待料 3 天（理论计算为 2、3 天），供货及时性（对生产的保证程度）的计算公式为：

$$本月供货及时性率(\%) = \frac{实际供货对生产建设具有保证的天数}{全月实际工作天数} \times 100\%$$

代入上列数字后即：

$$本月供货及时性率 = \frac{23}{26} \times 100\% = 88.46\%$$

第三节　材料储备的核算

为了防止材料的积压或不足，保证生产的需要，加速资金周转，企业必须经常检查材料储备定额的执行情况，分析是否超储或不足。

检查材料储备定额的执行情况，是将实际储备材料数量（金额）与储备定额数量（金额）相对比，当实际储备数量超过最高储备定额时，说明材料有超储积压。当实际储备数量低于最低储备定额时，说明企业材料储备不足，需要动用保险储备。

材料储备，通常是企业材料储备管理水平的标志。反映物资储备周转的指标可分为两类。

一、储备实物量的核算

实物量储备的核算是对实物周转速度的核算。核算材料对生产的保证天数及在规定期限内的周转次数和周转 1 次所需天数。其计算公式为：

（1）材料储备对生产的保证天数（天）$= \frac{期末库存量}{每日平均消耗材料量}$

（2）材料周转次数（次）$= \frac{某种材料的年度耗用量}{平均库存}$

（3）材料周转天数（即储备天数）（天）$= \frac{平均库存 \times 日历某年天数}{年度材料耗用量}$

【例 3】 某建筑企业核定中砂最高储备天数为 5.5 天，某年度 1 ~ 12 月耗用中砂 149 328m^3，其平均库存量为 3 360m^3，期末库存量为 4 100m^3，计算其实际储备天数对生产的保证程度及超储或不足供应现状。

$$实际储备天数 = \frac{平均库存 \times 报告期日历天数}{年度材料耗用量} = \frac{3\,360 \times 360}{149\,328} = 8.1(天)$$

$$对生产的保证天数 = \frac{4\,100/149\,328}{360} = 9.88(天)$$

中砂超储情况：

① 超储天数 = 报告期实际储备天数 − 核定最高生产储备天数 = 8.1 − 5.5 = 2.6(天)

② 超储数量 = 超额天数 × 平均每日消耗量 $= 2.6 \times \frac{149\,328}{360} = 1\,078.48(m^3)$

二、储备价值量的核算

价值形态的检查考核，是把实物数量乘以材料单价，用货币作为综合单位进行综合计算，其好处是能将不同质、不同价格的各类材料进行最大限度的综合，它的计算方法除上述的有关周转速度方面（周转次数、周转天数）均为适用外，还可以从百元产值占用材料储备资金情况及节约使用材料资金方面进行计算考核。其计算式为：

（1）$\text{百元产值占用材料储备资金} = \dfrac{\text{定额流动资金中材料储备资金平均数}}{\text{年度建筑企业总产值}} \times 100$

（2）$\begin{matrix}\text{流动资金中材料}\\\text{资金节约使用额}\end{matrix} = (\text{计划周转天数} - \text{实际周转天数}) \times \dfrac{\text{年度材料耗用总额}}{360}$

【例4】 某建筑单位全年完成建筑企业总产值1 168.8万元，年度耗用材料总量为888.29万元，其平均库存为151.78万元。核定周转天数为70天，现要求计算该企业的实际周转次数、周转天数，百元产值占用材料储备资金及节约材料资金等情况。

（1）$\text{周转次数} = \dfrac{\text{年度耗用材料总量}}{\text{平均库存量}} = \dfrac{888.29\text{万元}}{151.78\text{万元}} = 5.85(\text{次})$

（2）$\text{周转天数} = \dfrac{\text{平均库存量} \times \text{报告期日历天数}}{\text{年度材料耗用总量}} = \dfrac{151.78 \times 360}{888.29} = 61.51(\text{天})$

（3）$\text{百元产值占用材料储备资金} = \dfrac{151.78\text{万元}}{1\ 168.8\text{万元}} \times 100 = 12.99(\text{元/百元})$

（4）$\text{可以节约使用流动资金} = (70 - 61.51) \times \dfrac{888.29\text{万元}}{360} = 20.95(\text{万元})$

第四节　材料消耗量核算

现场材料使用过程的管理，主要是按单位工程定额供料和班组耗用材料的限额领料管理。前者是按概算定额对在建工程实行定额供应材料；后者是在分部分项工程中以施工定额对施工队伍限额领料。施工队伍实行限额领料，是材料管理工作的落脚点，是经济核算、考核企业经营成果的依据。

实行限额领料的好处很多，它有利于加强企业经营管理，提高企业管理水平；有利于合理地有计划地使用材料；有利于调动企业广大职工的社会主义积极性，是增产节约的重要手段。实行限额领料，就是要使队伍在使用材料时养成“先算后用”和“边用边算”的习惯，克服“先用后算”或者是“只用不算”的做法。

检查材料消耗情况，主要是用材料的实际消耗量与定额消耗量进行对比，反映材料节约或浪费情况。由于材料的使用情况不同，因而考核材料的节约或浪费的方法也不相同，现就几种情况分别叙述如下：

一、核算某项工程某种材料的定额与实际消耗情况

计算公式如下：

$$\text{某种材料节约(超耗)量} = \text{某种材料定额耗用量} - \text{该项材料实际耗用量}$$

上式计算结果为正数，则表示节约；反之计算结果为负数，则表示超耗。

$$\text{某种材料节约(超耗)率}(\%) = \frac{\text{某种材料节约(超耗)量}}{\text{该种材料定额耗用量}} \times 100\%$$

同样，式中正百分数表示节约率；负百分数表示超耗率。

【例5】 某工程浇捣墙基C20混凝土，每立方米定额用水泥P. O 42. 5 245kg，共浇捣$23.6m^3$，实际用水泥5 204kg，则其：

$$水泥节约量 = 5\ 204 - 245 \times 23.6 = 578(kg)$$

$$水泥节约率(\%) = \frac{578}{245 \times 23.6} \times 100\% = 10\%$$

二、核算多项工程某种材料消耗情况

其节约或超支的计算式同上，但某种材料的计划耗用量，即定额要求完成一定数量建筑安装工程所需消耗的材料数量的计算式应为：

$$某种材料定额耗用量 = \Sigma(材料消耗定额 \times 实际完成的工程量)$$

【例6】 某工程浇捣混凝土和砌墙工程均需使用中砂，工程资料见表10-3。

表10-3 工 程 资 料

分部分项工程名称	完成工程量/m^3	定额单耗/m^3	限额用量/m^3	实际用量/m^3	节约（-）超支（+）量/m^3	节约（-）超支（+）率/%
M5砂浆砌砖半外墙	654	325	212. 55	205. 20	-0. 735	-3. 98
现浇C20混凝土圈梁	245	656	16. 07	17. 02	+0. 095	+5. 91
合　计			228. 62	222. 22	-0. 640	-2. 80

根据表10-3资料，可以看出两项工程合计节约黄砂$0.64m^3$，其节约率为2. 8%。

如果做进一步分析检查，则砌墙工程节约中砂3. 98%，计$0.735m^3$；混凝土工程超耗中砂5. 91%，计$0.095m^3$。

三、核算一项工程使用多种材料的消耗情况

建筑材料有时由于使用价值不同，计量单位各异，不能直接相加进行考核。因此，需要利用材料价格作为同度量因素，用消耗量乘材料价格，然后加总对比。公式如下：

$$材料节约(+)或超支(-)额 = \Sigma 材料价格 \times (材料实耗量 - 材料定额消耗量)$$

【例7】 某施工单位以M5混合砂浆砌筑一砖外墙工程共$100m^3$，定额及实际耗料核算检查情况见表10-4。

表10-4 材料消耗分析表

材料名称规格	计量单位	消耗数量		材料计划价格/（元/kg）	消耗金额/元		节约（+）超支（-）额/元	节约（+）超支（-）率/%
		应耗	实耗		应耗	实耗		
P. O 32. 5水泥	kg	4 746	4 350	0. 293	1 390. 58	1 274. 55	116. 03	8. 34
中砂	m^3	331. 3	360	28. 00	9 276. 40	10 080. 00	-803. 60	-8. 66
石灰膏	kg	3 386	4 036	0. 101	341. 99	407. 64	-65. 65	-19. 20
标准砖	块	53 600	53 000	0. 222	11 899. 2	11 766	133. 2	1. 12
合计	—	—	—	—	22 908. 17	23 528. 19	-620. 02	-2. 71

四、检查多项分项工程使用多种材料的消耗情况

这类考核检查，适用以单位工程为单位的材料消耗情况，它既可了解分部分项工程以

及各单位材料的定额执行情况，又可综合分析全部工程项目耗用材料的效益情况，见表10-5。

表 10-5　材料消耗分析表

工程名称	工程量		材料		材料单耗		材料价格/(元/kg)	材料费用/元	
	单位	数量	名称	单位	实际	定额		按实际计	按定额计
C10 基础加固混凝土	m^3	18.1	P. O32.5 水泥	kg	187	194	0.293	991.72	1 028.84
			中砂	m^3	5.78	5.81	28.00	161.84	162.68
			5～40mm 碎石	m^3	10.34	10.50	21.60	223.34	226.80
			大石块	m^3	4.73	4.50	24.00	113.52	108.00
C20 基础加固混凝土	m^3	36.42	P. O32.5 水泥	kg	246	254	0.293	2 625.08	2 710.45
			中砂	m^3	28.30	29.50	28.00	792.40	826.00
			5～40mm 碎石	m^3	7.90	8.10	21.60	170.64	174.96
合计	—	—	—	—	—	—	—	5 078.54	5 237.73

第五节　周转材料的核算

由于周转材料可多次反复使用于施工过程，因此其价值的转移方式也不同于材料一次转移，而是分多次转移，通常称为摊销。周转材料的核算是以价值量核算为主要内容，核算其周转材料的费用收入与支出的差异和摊销。

一、费用收入

周转材料的费用收入是以施工图为基础，以概（预）算定额为标准随工程款结算而取得的资金收入。

在概算定额中，周转材料的取费标准是根据不同材质综合编制的，在施工生产中无论实际使用何种材质，取费标准均不予调整（主要指模板）。

下面分别按脚手架工程和模板工程对周转材料费用收入做一简介：

工业与民用建筑脚手架，分为单层建筑脚手架、现浇预制框架建筑脚手架和其他建筑脚手架。除烟囱、水塔脚手架外，其他均按建筑面积以平方米计算。定额中分为综合脚手架、单排及双排架子、满堂红架子等 9 项共 17 个子项，每个子项都规定了取费标准，分别按建筑面积和投影面积计取费用。

模板工程分为基础、梁、墙、台、柱等不同部位，每一操作项目规定有不同的费用标准，以每立方米混凝土量为单位计取费用。在每项费用中均已包括了板、零件和钢支撑的费用。

二、费用支出

周转材料的费用支出是根据施工工程的实际投入量计算的。在对周转材料实行租赁的企业，费用支出表现为实际支付的租赁费用。在不实行租赁制度的企业，费用支出表现为按照上级规定的摊销率所提取的摊销额。计算摊销额的基数为全部拥有量。

三、费用摊销

（1）一次摊销法

一次摊销法是指一经使用，其价值即全部转入工程成本的摊销方法。它适用于与主件配套使用并独立计价的零配件等。

（2）“五·五”摊销法

“五·五”摊销法是指投入使用时，先将其价值的一半摊入工程成本，待报废后再将另一半价值摊入工程成本的摊销方法。它适用于价值偏高，不宜一次摊销的周转材料。

（3）期限摊销法

期限摊销法是根据使用期限和单价来确定摊销额度的摊销方法。它适用于价值较高、使用期限较长的周转材料的摊销方法。计算方法如下：

1）分别计算各种周转材料的月摊销额，公式如下：

$$\begin{matrix}\text{某种周转材料}\\ \text{月摊销额(元)}\end{matrix}=\frac{\text{该种周转材料采购原价}-\text{预计残余价值(元)}}{\text{该种周转材料预计使用年限}\times 12\text{(月)}}$$

2）计算各种周转材料月摊销率，公式如下：

$$\begin{matrix}\text{某种周转材料}\\ \text{月摊销率(\%)}\end{matrix}=\frac{\text{该种周转材料月摊销额(元)}}{\text{该种周转材料采购价(元)}}\times 100\%$$

3）计算月度周转材料总摊销额，公式如下：

$$\begin{matrix}\text{周转材料月}\\ \text{摊销额(元)}\end{matrix}=\Sigma[\text{周转材料采购原价(元)}\times\text{该种周转材料摊销率(\%)}]$$

第六节　工具的核算

一、费用收入与支出

在施工生产中，工具费的收入是按照框架结构、排架结构、升板结构、全装配结构等不同结构类型以及领使馆、旅游宾馆和大型公共建筑等，分不同檐高（20m 以上和 20m 以下），以每平方米建筑面积计取。一般情况下，生产工具费用约占工程直接费的 2%。

工具费的支出包括购置费、租赁费、摊销费、维修费以及个人工具的补贴费等项目。

二、工具的账务处理

与施工企业的工具财务管理和实物管理相对应，工具账分为由财务部门建立的财务账和由料具部门建立的业务账。

（1）财务账

分别为以下三种：

1）总账：以货币作为计量单位反映工具资金来源和资金占用的总体情况。资金来源是购置、加工制作、向租赁单位租用的工具价值总额。资金占用是企业在库和在用的全部工具价值余额。

2）明细分类账：是在总账之下，按工具类别所设置账户，用于反映工具的摊销和余额状况。

3）二级明细分类账：是针对二级账户的核算内容和实际需要，按工具品种而分别设置的账户。

在实际工作中，上述三种账户要平行登记，做到各类费用的对口衔接。

（2）业务账

分别为以下四种：

1）总数量账：用以反映企业或单位的工具数量总规模，可以在一本账簿中分门别类地登记，也可以按工具的类别分设几个账簿进行登记。

2）新品账，亦称在库账：用于反映已经投入使用的工具的数量，是总数量账的隶属账。

3）旧品账，亦称在用账：用于反映已经投入使用的工具的数量，是总数量账的隶属账。当因施工需要使用新品时，按实际领用数量冲减新品账，同时记入旧品账，某种工具在总数量账上的数额，应等于该种工具在新品账和旧品账的数额之和。当旧品完全损耗，按实际消耗冲减旧品账。

4）在用分户账：用于反映在用工具的动态和分布情况，是旧品账的隶属账。某种工具在旧品账上的数量，应等于各在用分户账上的数量之和。

三、工具费用的摊销

（1）一次摊销法

一次摊销法，是指工具一经使用其价值即全部转入工程成本，并通过工程款收入得到一次性补偿的核算方法。它适用于消耗性工具。

（2）“五·五”摊销法

与周转材料核算的“五·五”摊销方法相同，在工具投入使用后，先将其价值的一半分摊计入工程成本，在其报废时，再将另一半价值摊入工程成本，通过工程款收入分两次得到补偿。“五·五”摊销法适用于价值较低的中小型低值易耗工具。

（3）期限摊销法

期限摊销法，是指按工具使用年限和单价确定每次摊销额度，分多期进行摊销。在每个核算期内，工具的价值只是部分计入工程成本并得到部分补偿。此法适用于固定资产性质的工具及单位价值较高的易耗性工具。

复习思考题

1. 基本概念：材料核算、材料采购实际成本、先进先出法、加权平均法。
2. 简述材料采购核算的方法。
3. 怎样考核材料供应计划完成情况？
4. 怎样进行材料储备核算？
5. 怎样进行材料消耗量核算？
6. 怎样进行周转材料核算？
7. 怎样进行材料工具核算？

附录1 材料员主要岗位职责

1. 负责材料供应管理和材料成本管理工作。

2. 负责工程材料的供、管、用，即采购、验收、堆放、发放等工作。从材料计划、组织货源、运输供应、验收保管、材料发放、工程耗料核算、统计分析入手进行材料管理。

3. 根据工程情况、采购资金、仓储能力按月编制材料采购、进场计划，经审批后，采取“比质量、比价格、比服务、算成本”三比一算的方法，优质优价、货比三家的进行材料采购。做好货源、流向、运输路线、现场道路、堆放场地的调查和布置工作，组织好材料的发运、接收、中转业务、装卸配合等工作。

4. 负责做好材料的进场计量、验收工作，对出场材料必须经项目经理或上级主管理部门同意，进行清点，落实去向。对不符合要求的材料、成品、半成品，有权拒绝进场、退货。

5. 按材料管理规定建立健全原始材料记录的账、表、单，及时准确编制报表，及时汇总上报。

6. 认真执行材料管理制度和库房管理制度。库外堆放材料应按施工组织设计中施工总平面布置的要求分格规、品种进行标识、规范堆放。库内材料应分格规、品种进行标识堆放整齐，应有防水、防火、防暴等措施。

7. 积极推行限额领料制度，降低材料消耗量，有权对浪费、损失材料者追究赔偿责任。

8. 做好工程材料成本分段核算工作。负责现场材料的盘存和工程竣工后余料的退库工作，并配合项目作出材料消耗、节约、超耗和周转材料损耗分析，独立核算归档工作。

9. 负责与材料有关的质量、环境、职业健康安全“三个管理体系”的有效运行。

附录2 材料部职责范围

1. 建立健全材料供、管、用规章制度。
2. 编制并实施材料使用计划，监控现场材料使用情况，维修保养工具。
3. 负责材料和工具的购置、运输、租赁。
4. 负责现场料具收发保管工作。
5. 搞好材料定额管理工作，建立健全各单位工程台账及限额领料手续。

附录 3　库存物资盘点检查制度

1. 每年年底保管员对所保管物资必须定期盘点一次，并做出明细报表，报上级有关业务部门。

2. 在盘点中发现的差错和盈亏要查明原因。

3. 物资保管员每月应对库存物资进行一次自查。自查中发现的盈亏，应及时查明原因。

4. 自点自查包括的内容为：

（1）查质量：查库存物资的质量是否变化。

（2）查数量：查账、卡、物是否一致。单价是否准确。

（3）查保管条件：查堆垛是否合理、稳固，苫盖物是否严密，库房是否漏雨，料区有无积水，门窗通风是否良好。

（4）查安全：查安全措施和消防设备是否符合安全管理要求。

（5）查计量器具：查磅秤、卷尺等是否准确，其他工具是否齐全，使用和保养情况是否良好。

附录 4　周转材料使用与维修制度

1. 建立健全周转材料使用中的各项规章制度，合理使用周转物资，做到不损坏、不丢失、维修及时、保质保量投入周转使用。

2. 模板使用后，必须及时保养。

3. 对零星配件必须及时回收。

4. 建立周转材料的租赁台账，认真核对，及时结付。

附录 5　仓库管理制度

1. 建立健全仓库管理制度，严格遵守进发料制度，做到进料按规定验收、按发料单发料，做好明细账。

2. 科学管理，按品种规格分别码放物资。

3. 做到账、卡、物相符。

4. 做到发料迅速准确。

5. 对特殊物品的保管做到按其性能分类、分库、分架保管，不得将易燃、易爆的危险品与其他物品混放。

6. 做好季节性预防措施。

7. 做好物资质量状态的标识。

8. 保持库房干净卫生。

9. 做好库房的防火、防盗等安全工作。

附录6 材料管理工作处罚制度

凡违反材料管理制度的，按照规定酌情进行自罚和处罚，责任部门主管应负连带责任。下列情况将受到相应处罚。

1. 违反材料管理制度造成材料管理混乱。

2. 未执行限额领料制度。

3. 由于管理不严造成材料丢失或损坏。

4. 由上级检查出问题和失误，责任人不进行自罚。

5. 违反材料出入库规定，私自少开、多开或任意涂改的，要全额赔偿并予以辞退，情节严重的，送交公安部门处理。

6. 对进场材料不认真验收，造成经济损失的，其损失由责任人赔偿。

7. 违反操作规程，擅自外借、转租料具造成料具损坏和经济损失。

8. 违反制度规定，擅自处理废旧料具及包装容器。

9. 违反公司制度规定，以物谋私，给公司造成经济损失。

10. 违反公司制度规定私拿回扣，一经发现予以辞退，情节严重的，送交公安部门处理。

参 考 文 献

［1］李慧平．建筑企业材料供应与管理．3 版，北京：中国环境科学出版社，2003.